河北省冬小麦
高产节水节肥栽培技术
（简明图表读本）

李月华　杨利华　编著

中国农业科学技术出版社

图书在版编目（CIP）数据

河北省冬小麦高产节水节肥栽培技术（简明图表读本）/ 李月华，杨利华编著．—北京：中国农业科学技术出版社，2017.3
ISBN 978-7-5116-2971-5

Ⅰ．①河… Ⅱ．①李…②杨… Ⅲ．①冬小麦—高产栽培—节水栽培—河北 Ⅳ．① S511.071

中国版本图书馆 CIP 数据核字（2017）第 025372 号

责任编辑　张孝安　崔改泵
责任校对　贾海霞

出 版 者　中国农业科学技术出版社
　　　　　北京市中关村南大街 12 号　邮编：100081
电　　话　（010）82109708（编辑室）（010）82109704（发行部）
　　　　　（010）82109703（读者服务部）
传　　真　（010）82106650
网　　址　http://www.castp.cn
经 销 者　各地新华书店
印 刷 者　北京富泰印刷有限责任公司
开　　本　710 mm × 1 000 mm　1 /16
印　　张　11.5
字　　数　160 千字
版　　次　2017 年 3 月第 1 版　2017 年 3 月第 1 次印刷
定　　价　36.00 元

河北省冬小麦高产节水节肥栽培技术
（简明图表读本）

编著委员会

主任委员　李月华　杨利华

副主任委员　甄文超　刘　强　高　倩　侯大山　孙明清　张广辉　王维莲　冯立辉　李娟茹

委　　员　（按姓氏笔画排序）

王亚楠　王艳霞　王维莲　尹宝重　冯立辉

任素梅　刘　强　刘会云　刘海忠　孙明清

杜彩君　李　光　李月华　李科江　李娟茹

杨利华　何　煦　张　辉　张广辉　张全国

张红芹　武金燚　赵锁辉　侯大山　党红凯

高　倩　郭永召　崔瑞秀　甄文超　霍立勇

编著单位　石家庄市农业技术推广中心

河北省农林科学院粮油作物研究所

河北农业大学

河北省农林科学院旱作农业研究所

前　言

小麦在河北省有悠久的栽培历史，目前已发展成全省第二大粮食作物、第一大口粮作物、第一大水资源消耗作物，其生产地位不单涉及粮食安全问题，还牵扯着生态维护、农业可持续发展、农民收益等方方面面，因此，探索研究并推广冬小麦在高产基础上，实现节水、节肥的综合技术就很有必要。

河北省是我国冬小麦生产最北的区域，种植面积、总产量均位居全国前列，产品商品性好、商品率高，是全国冬小麦生产的黄金地带。河北冬小麦种植区域类型复杂，涵盖有冀东平原冬性品种种植区、冀中北冬性品种和半冬性品种混作区、黑龙港半冬性品种种植区及冀中南半冬性品种与弱春性品种混作区，因此，研究河北冬小麦生产技术对全国冬小麦生产具有指导意义。河北冬小麦主要分布在长城以南（北纬 40° 以南），本书也主要面向该区域。该区属典型的半干旱大陆型季风气候，麦季干旱，自然降水难以满足小麦生产需求，且灌溉水资源极度匮乏，黑龙港区就处于全国地下水最大的漏斗区—华北平原环渤海复合大漏斗腹地。该区除了旱灾频发外，还常遇到风、雹、冻害、干热风及雾霾寡照等多种气象灾害，全国流行的主要有害生物物种在该区也大部分都能见到，使得该区生产情况复杂多样，故而强化该区小麦生产新知识、新技术的科普力度，对该区小麦落实“两减栽培、节本增效”有着重要意义。

近年来，随着育种技术、肥料科学、农机技术、耕作技术、植保技术等的发展，以及气候变化和有害生物的入侵，使得实现小麦高产栽培遇到了诸多新课题。本书内容就立足于这些变化，重在实用；其中综合了作者及同行专家大量最新的科研成果，也融合了诸多生产经验与教训，涵盖范围包括了耕作、农机、植保、土肥、栽培管理等多领域农作与农艺学知识，并尽可能以图文并茂的形式，全方位直观地将小麦高产栽培技术展示给读者，希望对广大读者的生产和学习有所帮助。

全书共7章，第一章介绍了小麦的一生及器官发育，第二章综述了小麦播种与田间管理技术，第三章、第四章和第五章分别讲解了冀中南山前平原区小麦高产超高产节水节肥栽培技术、黑龙港冬小麦节水高产栽培技术和北部冬小麦丰产栽培技术，第六章阐述了冀中南小麦一水千斤简化栽培技术，第七章论述了抗逆减灾知识。书中引用了国内外同行专家在学术期刊、网络和报告会资料等上发表的图文资料，同时本书出版还得到了河北省现代农业产业技术体系及石家庄高层次人才支持计划的大力帮助，在此深表感谢！本书将作者对小麦高产栽培的理解贯穿始终，但鉴于生产、科研发展迅速及作者知识水平所限，书中难免有片面和不当之处，敬请广大读者指正。

编著者

2016年12月

目　录

第一章 小麦的一生及器官发育

第一节　小麦的一生

小麦一生是指从种子萌发到产生新种子的过程。一般将小麦从播种到成熟需要的天数叫做生育期，河北省冬小麦生育期一般在 238~242 天。

小麦根据不同时期生长发育特点划分为 3 个生育阶段：一是营养生长阶段（从出苗到起身期），又叫苗期或前期阶段，该阶段主要特点是进行营养生长，即以根、叶生长和分蘖形成为主，是奠定亩穗数基础的关键时期。二是营养生长和生殖生长并进阶段（从起身到开花），又叫中期阶段，该阶段主要特点是根、茎、叶继续生长和进行穗分化，是决定穗子大小、穗数多少和奠定穗粒数基础的关键时期。三是生殖生长阶段（从开花到成熟），又叫后期阶段，该阶段主要特点是进行扬花授粉和灌浆形成籽粒，是决定粒数和粒重的关键时期。

一、营养生长阶段（苗期）

（一）出苗期

田间 50% 以上麦苗主茎第一叶伸出地面 2 厘米左右的日期为出苗期（图 1-1）。

图 1-1　出苗期的幼苗

出苗前小麦的萌发、出土，全部靠种子胚乳的自身营养供应，出苗后开始逐渐进行光合作用，但主要还是依靠种子胚乳自身营养进行生长，此期是种子根长出的关键时期，田间管理的方向是确保出苗齐、全、匀。

（二）三叶期

田间 50% 以上的麦苗，主茎第三叶伸出叶鞘 2 厘米左右的日期为三叶期（图 1-2）。

三叶期是小麦利用种子自身营养为主转向利用光合作用营养为主的临界期，也是即将开始进行分蘖的临界期。

（三）分蘖期

田间 50% 以上的麦苗，第一分蘖伸出叶鞘 2 厘米左右的日期为分蘖期（图 1-3）。

主茎第 4 叶伸出时开始进行分蘖，次生根开始长出。田间管理的方向是促分蘖增加，壮个体、保群体。

（四）越冬期

冬前候平均气温降至 3~0℃，小麦停止生长的日期（图 1-4）。

图 1–2　三叶期幼苗

图 1–3　小麦分蘖期幼苗

图 1–4　越冬初期麦苗状况

进入越冬期后，小麦基本停止地上部生长。冀中南在小麦越冬期间遇到阶段性气温偏高时，仍可缓慢生长，穗分化进入伸长期至单棱期；冀中北部分小麦品种穗分化进入伸长期。田间管理的方向是护苗安全越冬。

（五）返青期

翌年春季气温回暖、候平均气温升至 0~3℃以上、麦苗叶片转绿、田间 50%以上植株心叶新伸长 2 厘米左右的日期（图 1–5）。

返青期春生一叶开始伸出生长、春季分蘖开始出现，次生根生出加快，小麦穗分化进入单棱期。田间管理的方向是促苗早返青、早生长，延长穗分化时间。

图 1–5　返青期麦苗

二、营养生长和生殖生长并进阶段（中期）

（一）起身期

田间 50% 以上麦苗主茎和大蘖叶鞘显著伸出，麦苗由匍匐状转为直立，茎基部第一节在地下开始伸长的日期（图 1–6）。

图 1–6　起身期麦苗

春生第二叶接近定长，茎节开始缓慢伸长，次生根大量增加，穗分化进入二棱期，群体达到最高峰，是决定亩穗数的关键时期。田间管理方向是对二、三类麦进行群体调控，达到理想群体结构。

（二）拔节期

田间 50% 植株主茎第一节露出地面 2 厘米左

右的日期（图 1–7）。

茎节开始快速伸长、春四叶伸出生长、次生根数量基本定型，分蘖两极分化开始（地力较差的从起身后期开始，图 1–8），是决定一类苗亩穗数的关键时期，穗分化进入小花原基分化期及雌雄蕊原基分化期。田间管理方向是对一类苗进行群体调控，达到理想群体。

图 1–7　拔节期麦苗

图 1–8　拔节期植株

（三）孕穗期（挑旗期）

田间 50% 分蘖旗叶叶鞘包裹的幼穗明显膨大，旗叶叶片全部抽出叶鞘的日期（图 1–9）。

茎生叶全部伸出，旗叶展开，穗分化进入四分体形成期，并最终形成花粉粒，待扬花授粉。田间管理的关键是保证水肥供应。

（四）抽穗期

田间 50% 麦穗由叶鞘中抽出 1/2 的日期（图 1–10）。

小穗结构定型，是需水临界期，应保证水肥供应。

图 1-9　孕穗期麦苗

图 1-10　抽穗期小麦

三、生殖生长阶段（后期）

（一）扬花期

田间植株 50% 麦穗中上部小花的内外颖张开、花药散粉的日期（图 1-11）。

扬花期是需水高峰期，也是决定穗粒数多少的关键时期，应保证水肥供应。

（二）乳熟期

籽粒开始沉积淀粉、胚乳开始变为乳白色。

灌浆形成产量，是决定粒重的关键时期，田间管理的关键是保证水分供应，防病虫、防干热风、防倒伏（图 1-12）。

图 1-11　小麦扬花期

图 1-12　灌浆期小麦

（三）成熟期

胚乳呈蜡状、籽粒开始变硬时为蜡熟期（是产量最高的时期），接着籽粒变硬，为完熟期。植株由黄变干枯（图 1–13）。

图 1–13　小麦落黄

该期是最后决定粒重高低的关键时期。管理的关键是防干热风、防倒伏，及时收获。

四、小麦的生育进程

河北省南部比中部的播种期、越冬期晚 3~5 天，其他生育期进程早 3~7 天；北部比中部的播种期、越冬期早 5~7 天，其他生育期晚 5~7 天（表 1–1）。

表 1–1　河北省中部麦区常年小麦生育进程

生育期	播种期	越冬期	返青期	起身期	拔节期	抽穗期	成熟期
时 间	10 月 5 至 12 日	11 月底 12 月初	2 月底 3 月初	3 月下旬初	4 月初	4 月底 5 月初	6 月 10 至 15 日

第二节　小麦各器官发育及功能

一、小麦的根

（一）根的分类

小麦根分为初生根和次生根。

1. 初生根

初生根又叫种子根（图 1–14），一般 3~5 条，多的达 7~8 条，种粒大者居多。初生根一般在种子萌发时长出，到第一叶出土时数量确定，基本呈垂直向下分布，相对较细，且粗细基本一致，入土较深、可达 2 米以上，有的甚至达 2.8 米左右（图 1–15），在小麦拔节前起主导作用，拔节后其功能逐渐减低，但一直到抽穗期仍有一定的作用。

图 1–14 小麦苗期初生根与次生根

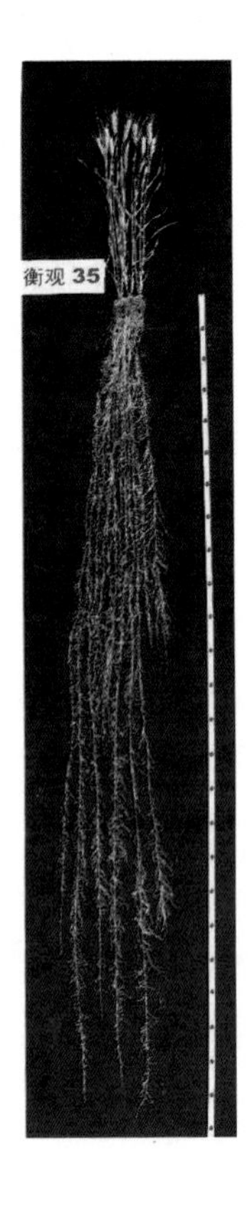

图 1–15 初生根长度

2. 次生根

次生根又叫节根，是伴随着分蘖长出的根，一般每个分蘖可以长出 1~3 条；次生根从分蘖发生时开始长出，到拔节期基本结束，从返青到拔节是次生根生长的高峰期，一般 6~10 条。次生根入土较浅，随干旱胁迫程度及管理不同，多集中在 40 厘米左右土层中，深可达 60 厘米左右，向下呈较短的圆锥形分布。次生根在小麦拔节后开始起主导作用。

（二）根的作用

小麦根系既是重要的吸收与固定器官，也是重要的合成器官。但由于初生根与次生根产生的时间、分布、生物量和表面积等的不同，所起的作用也各有特点。初生根发根早、入土深、基本呈垂直分布，承担着生育前期绝大部分根系功能以及对深层土壤水分、养分的吸收。小麦分蘖以前，次生根尚未长出，全部根系功能由初生根承担，至拔节以前，一直是初生根主要发挥功能的时期。据测定，拔节期初生根干重仍可占根系总量的 29% 左右；拔节后随着次生根进入旺盛功能期，初生根的作用才逐渐降低，至挑旗期，其干重已不足根系总重的 2%~3%。小麦初生根条数与抗旱系数、抗旱指数显著正相关，小麦一生中 2/3 的吸水由初生根完成。采用适期晚播、增加播量、提高田间初生根数量，对小麦充分利用深层水分、养分，实现双节（节水、节肥）高产有重要意义。

小麦拔节后，随着进入营养与生殖生长旺盛时期及后期籽粒形成，主要还是靠次生根来完成。矿质营养的吸收主要依赖于次生根，尤其是对矿质营养的主动吸收。相关试验表明，抽穗初期初生根吸收磷（P^{32}）的能力仅为全株根系吸收量的 8% 左右。根系吸收的二氧化碳、磷和其他矿质元素，在根部多先转化为各种有机酸，并进一步合成氨基酸，然后转运到各部合成蛋白质。甚至部分简单的有机酸和氨基酸，在根系中可直接合成蛋白质。

发育良好的根系是小麦高产的基础，地上部发育好坏，往往取决于根系发育状况。前期初生根生长不良，必然影响次生根发育，如苗期地中茎因感纹枯而使初生根丧失功能后，不仅影响小麦抗旱、抗寒能力，也影响适时返青及返青后次生根健康生长。根系与叶的寿命和生理活性密切相关，如根系感根腐病，常造成小麦旗叶过早干黄尖，地上部过早衰亡，最终导致减产。

二、小麦的叶

（一）叶的分类

图 1-16 拔节期的近根叶、茎生叶

按生物学形态分可分为不完全叶、完全叶（真叶）和变态叶。芽鞘、蘖鞘是不完全叶，护颖为变态叶，具有叶鞘、叶片、叶耳、叶舌及叶枕的称为完全叶，也就是通常所讲的叶。通常的叶片还可分为近根叶（图 1-16）和茎生叶。

1. 近根叶（又称基叶）

生长在分蘖节，分冬前出生和春后出生。

小麦起身前生长的叶片均为近根叶。近根叶在营养生长阶段担负着主要光合作用，是积累养分、发根、长蘖、培育壮苗的主要功能叶。

2. 茎生叶

茎生叶在春季出生，着生在茎节上，一般 4~6 片，是拔节后干物质形成以及产量形成的主要功能叶。

（二）叶的生长特点

小麦出苗后，最先露出地表的是一个不完全叶，即胚芽鞘（图 1-17），胚芽鞘见光终止生长后，再从其顶端伸出第一片真叶。小麦的出叶速度和数量主要与播期、温度、墒情等栽培条件和阶段发育特性以及品种特性有关。

主茎叶与分蘖叶同伸特点。小麦进入分蘖期后，分蘖上也陆续长出新叶。主茎上的叶与分蘖的叶具有同伸规律，一级分蘖第一蘖第一叶的出现与主茎第四叶的出现相同（同伸），第二蘖第一叶、第一蘖第二叶与主茎第五叶同出，第三蘖第一叶、第二蘖第二叶、第一蘖第三叶的出现期与主茎第六叶相同。即主茎每长一叶，其生出的各分蘖也同时增加一叶。主茎长出第六叶时，一级蘖的第

图 1-17 胚芽鞘

一蘖还会长出二级分蘖第一叶，主茎长出第七叶时，一级分蘖第二蘖的二级分蘖第一叶、第一个二级分蘖的第二叶也会长出，依此类推（表 1-2）。

表 1-2　主茎叶与分蘖叶对应

主茎叶龄	分蘖叶龄											单株总叶数
	一级分蘖						二级分蘖			三级分蘖		
	1	2	3	4	5	6	1	2	3	1	2	
3	0											3
4	1											5
5	2	1										8
6	3	2	1				1					13
7	4	3	2	1			2	1				21
8	5	4	3	2	1		3	2	1	1		34

（三）叶的功能

小麦叶片的主要功能是光合和蒸腾作用，但不同形态类型的叶功能不同。

1. 光合作用

通常所说的真叶，其功能主要是进行光合作用、制造光合产物。护颖、叶鞘也有部分光合作用功能。

2. 蒸腾作用

小麦一生耗水的 60%~70% 由叶片蒸腾实现。通过蒸腾作用，小麦将水分、养分由根部带至地上部各组织器官中以供发育需要。

3. 保护功能

胚芽鞘是小麦伸出的第一叶（不完全叶），其主要作用是保护幼芽出土；蘖鞘主要是保护分蘖伸出；变态叶护颖主要是保护小花与籽粒形成。

4. 输送功能

叶鞘是将水分和养分由茎输送至叶片、并将光合产物从叶片输出的器官，同时兼有贮存及支撑作用。拔节后，每个茎节基部脆嫩的居间分生组织处几乎没有抗倒折能力，基本上要依赖包裹的叶鞘来辅助支撑。

三、小麦的茎蘖

（一）茎蘖的分类

小麦的茎可分为地中茎与可见茎。可见茎就是通常所说的茎秆，又可分为主茎与蘖茎两类。每个可见茎包括地上与地下两部分，地下部分节间不伸长，所有在地下不伸长的节间、节、腋芽等紧缩在一起形成的、略显膨大的节群即为分蘖节，每个分蘖节处一般密集 5~9 个不伸长的节间；地上部分茎秆从拔节期开始伸长，一般 4~6 节。分蘖还可依据能否成穗分为有效蘖与无效蘖。

1. 地中茎

由伸长的种子上胚轴形成，其功能是将分蘖节及幼芽生长点上顶以保证幼苗出土（图 1–18）。通常情况下，分蘖节位于地表下 1.5 厘米处，故地中茎长度取决于播种深度，播种较浅时，地中茎很短，甚至不明显（图 1–19）；播深不足 1.5 厘米的往往看不到伸长的地中茎。

图 1–18　小麦地中茎

图 1–19　浅播无地中茎小麦

2. 主茎

主茎由种子胚芽发育而成，麦种萌发后，主茎分化与叶原基的分化同步进行，故主茎节数与主茎叶片数相关，主茎的组织分化终止于幼穗分化始期（图 1–20）。

图 1–20　小麦主茎

3. 蘖茎

蘖茎一般由一级分蘖中的大蘖形成，个别冬前叶龄小和群体偏小时也可由二级分蘖中大蘖形成；胚芽鞘分蘖具有不确定性，且成穗率极低，其他分蘖基本不能成穗，也就发育不成完整茎秆。

（二）叶蘖同伸

分蘖是小麦固有的生物学特性（图 1–21），各级分蘖的出现与主茎不同叶位叶片伸出有明显的规律可循，这一规律被称为叶蘖同伸规律。在栽培条件良好的情况下，一般胚芽鞘蘖（“Z”蘖，图 1–22）长出较多，与麦苗第三叶同时伸出；由于胚芽鞘蘖易受多种因素影响常不发生，且不能成穗，故生产上一般不把它计算在内，常说的第一蘖是指由主茎第一片真叶叶腋处长出的蘖。当主茎第四叶出现时，一级分蘖第一蘖“Ⅰ”蘖伸出，“Ⅱ”蘖的出现期与主茎第五叶同，“Ⅲ”蘖的出现期与主茎第六叶同。主茎长至第六叶时，第一个一级分蘖“Ⅰ”蘖上还会长出 1 个二级分蘖“I_{a}”；主茎长出第七叶时，“Ⅰ”上第二个二级分蘖“I_{b}”和“Ⅱ”上第一个二级分蘖“II_{a}”蘖长出，依此类推（表 1–3）。有胚芽鞘蘖的植株，胚芽鞘蘖可视为第一个一级分蘖。

图 1–21　小麦分蘖状

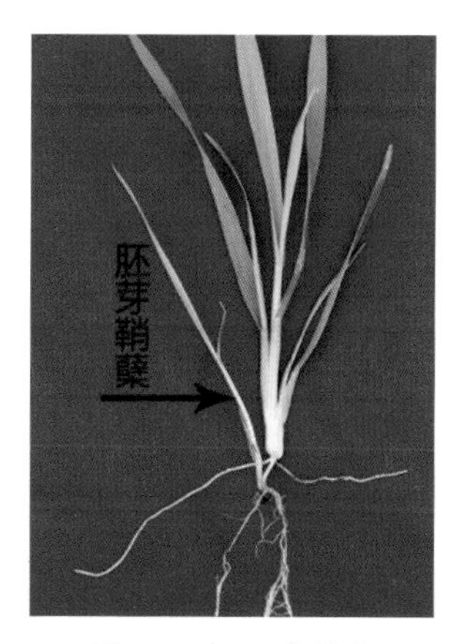

图 1–22　胚芽鞘蘖

小麦 4 叶期后，理论上主茎某叶龄时的单株茎数（含主茎）是前两个叶龄时单株茎数之和，用公式表示即：

$$Mn=M(n-1)+M(n-2) \quad \cdots\cdots \text{公式 1.1}$$

式中 Mn 为主茎 n 叶时单株茎数，$M(n-1)$、$M(n-2)$ 分别为主茎叶数 $n-1$ 和 $n-2$ 时的单株茎数。主茎 5 叶龄后，每出一叶，同伸组新生蘖数也吻合此规律。主茎 n 叶龄时单株分蘖数可由单株茎数减 1 而得。依据该规律，根据目标冬前叶龄、个体、群体，结合常年冬前积温进行理论上概算播期与播量非常有用。

在有些情况下，同伸组内主茎叶与同伸蘖不一定同日出现，有的前后差几天，叶位与蘖位越高，蘖迟出的天数越长。水肥不足、基本苗过大或栽培不当等时，不仅同伸蘖不能按时出现，还可能缺位。

表 1-3　主茎叶龄与各级各位分蘖的同伸关系

主茎叶龄	同伸蘖			同伸组蘖分蘖蘖数	单株茎数	有胚芽鞘蘖时情况			
	一级分蘖	二级分蘖	三级分蘖			胚芽鞘蘖	胚芽鞘二级分蘖	胚芽鞘三、四级分蘖	单株茎数
1	—	—	—	0	1	—	—	—	1
2	—	—	—	0	1	—	—	—	1
3	—	—	—	0	1	Z	—	—	2
4	Ⅰ	—	—	1	2		—	—	3
5	Ⅱ	—	—	1	3		Z_a	—	5
6	Ⅲ	I_a	—	2	5		Z_b	—	8
7	Ⅳ	II_a、I_b	—	3	8		Z_c	Z_{a1}	13
8	Ⅴ	III_a、II_b、I_c	I_{a1}	5	13		Z_d	Z_{b1}、Z_{a2}	21
9	Ⅵ	IV_a、III_b、II_c、I_d	II_{a1}、I_{b1}、I_{a2}	8	21		Z_f	Z_{c1}、Z_{b2}、Z_{a3}、Z_{a1} 四级	34

（三）茎秆的形成与生长

小麦幼穗分化进入二棱期，主茎与可成穗的大蘖茎秆开始伸长，拔节后伸长速度明显加快，最终形成常说的麦秆；伸长的节间一般是上部 4~6 节，多数为 5 节。

小麦茎秆伸长主要靠节间基部居间分生组织细胞分裂和细胞体积膨大来完成，伸长的顺序由下而上依次进行。当第一节间开始明显伸长时，相邻的上一节间也有伸长动态，但较弱；只有当上一节间接近定长时，下一节间伸长才加速，重叠进行。最后一节（穗茎节）伸长活动一直持续至开花期才结束。茎秆从第一节伸长启动至最后一节定长历时 40 天左右，其中第一、第二节的伸长期约 16 天，第三至第五节的伸长期持续 20 天左右。相邻两节间启动伸长的间隔期因节位不同而不同，第三、第四节间隔约 8 天，其余间隔 4 天左右。不同节位节间长度因品种株高、水肥管理时期和节位而异，总体趋势是下短上长，基部第一节通常长 3.5~7.5 厘米，第二节 5.5~10 厘米，第三节 7.9~15.5 厘米，第四节 14.5~20 厘米，第五节 19~30 厘米。穗茎节是小麦最长的茎节，对株高的贡献也最大，其与小麦抗倒伏性状关系是不容忽视的。

由于茎秆维管束无形成层，只能通过初生增粗分生组织和细胞膨大进行增粗生长，不能像树木一样进行次生增粗生长，故茎秆节间发育早期就基本确定了最大茎粗潜力。通常茎秆基部第一节间较细，第二、第三节间开始加粗。有的品种第二节最粗、有的第四节最粗，但均以最上一节最细。同一节间，基部较细、中部较粗、上部又略细；基部秆壁最厚，自下而上渐薄。

（四）茎蘖的功能

1. 分蘖节的功能

作为地下由密集节与节间形成的分蘖节，不仅近根叶、次生根及一级分蘖由此生出，分蘖节还是重要的输导和养分贮藏器官。由根系吸收的养分、水分均需通过分蘖节来转运，分蘖节贮存的养分是保障小麦安全越冬、越冬期间生命活动、来年适时返青、健康生长的物质基础。河北省北部冬麦区小麦经过越冬，地上部常全部干枯，但只要分蘖节不死，翌年仍可正常生长。当播种较浅、分蘖节距地表不足1.5 厘米时，越冬风险会大大增加。

2. 分蘖的功能

分蘖有自我调节群体大小、增加穗数、贮存养分及再生等多项功能。利用分蘖成穗是冬小麦高产的重要途径。通常冬小麦群体形成依赖于分蘖，足够的分蘖和分蘖成穗是确保群体和实现高产的基础，冬前形成合理群体也是实现节水栽培所必须。一般分蘖穗要占亩穗数的 1/2 左右。河北省小麦亩穗数不足 50 万，产量不易超 600 千克，而实现这一群体指标则有赖于分蘖成穗。通常，冬前 3 叶及 3 叶以上的大蘖成穗率较高，可达 80%~90%，冬前 3 叶大蘖的多寡是衡量苗情、分蘖质量及预测来年分蘖成穗多少的依据。不足 3 叶的分蘖成穗情况需视播量高低、冬前群体大小和春季返青早晚而定。当播量小、播期晚的情况下，小麦可通过中小蘖和春生分蘖成穗对群体进行自我调节。分蘖的另一功能是养分贮藏，一定数量的适龄大蘖对安全越冬和早返青有利。分蘖还有再生作用，当小麦主茎和冬前分蘖受到机械损伤或冻害后，只要分蘖节不死，仍可再生成穗。

3. 茎秆的功能

茎秆主要有输导、支撑、贮藏和制造四项功能。茎秆细胞中有叶绿体，可进行光合作用，同时生育后期茎秆中养分向籽粒转移对产量也有一定贡献。茎秆的支撑作用体现在两个方面：一是使小麦保持直立生长，让冠层叶片形成错落有序的垂直分布，从而更好的吸收二氧化碳和进行光合作用，防止郁闭；二是使小麦恢复直立生长。在小麦节间基部居间分生组织中含有大量的趋光生长素，使得小麦茎秆具有背地曲折生长的特性，利用此特性，可对小麦倒伏进行预防或补救。如起身前镇压可促使基部第一节间变短、株高降低，防止倒伏；蜡熟期以前发生倒伏，居间组织处的背地曲折生长习性可使茎秆部分恢复直立。

四、小麦产量的形成

小麦籽粒产量，由单位面积上的穗数、穗粒数和粒重构成，一般将亩穗数、穗粒数、千粒重称为小麦产量结构三因素，其关系为：亩产量（千克）= 亩穗数（万）× 穗粒数（粒）× 千粒重（克）/100。小麦产量结构三因素是在不同发育阶段形成的，决定穗数主要在播种至分蘖两极分化期，决定穗粒数主要在穗分化开始至籽粒形成期，决定粒重则在籽粒形成期至成熟期。

（一）穗数的形成

穗数是小麦高产的基础，也是人为最易调控的因子。小麦播种后，最先生出的是主茎，3、4 叶后开始分蘖，直至拔节分蘖两级分化，这一时期是决定穗数的关键期。

主茎通常均能成穗，即便在生长逆境情况下，小麦也要优先保证主茎成穗。因此，主茎穗的多少与种植密度直接相关。分蘖成穗对群体穗数的影响取决于品种、播期、播量、肥水等，在当地栽培习惯基本不变时，冬前积温多少、拔节前后的肥水应用是主要影响因素。

1. 分蘖成穗规律

一般情况下，冬前早生的低位蘖成穗率高，晚生的和返青后生出的成穗率低或基本不成穗。当单株成穗 2 个时多为主茎与第一个分蘖Ⅰ成穗；成穗 3 个时多为主茎与Ⅰ、Ⅱ蘖成穗；4 个时可能为主茎和Ⅰ、Ⅱ、Ⅲ蘖，也可能是主茎及Ⅰ、Ⅱ、$Ⅰ_a$。

2. 分蘖两级分化

小麦拔节以前，主茎和大蘖上制造的营养除供自己需要外，还有部分转运给其上着生的小蘖，供小蘖生长。拔节后，主茎和大蘖生长优势加强，茎秆伸长和穗分化加速，自身对营养物质需求激增，同化产物会逐渐终止向小蘖转移，茎蘖间营养物质由相互交换过渡到相对独立，那些出生晚、发育滞后、根系差、不能独立生长的分蘖会生长变缓，直至死亡，成为无效蘖；而主茎和大蘖最后成穗，成为有效蘖，这就是分蘖两级分化。

拔节期，只有那些在穗分化进程上与主茎基本同步的大蘖，才会节间伸长成穗；幼穗发育尚处在二棱末期的小蘖，其节间长度并不因主茎的伸长而增加，仍会滞留在与自身发育相适应的水平，最终衰亡。小麦为低温长日照作物，气候与农时是分蘖两级分化早晚的决定因素，水肥条件对分蘖两级分化早晚也有影响，水肥不足时提前，过大时则滞后。

图 1–23 小麦的缩心蘖

3. 分蘖成穗的调控

分蘖成穗多少受品种、气候、墒情、地力等多种因素影响，在当地上述前提条件常年基本稳定时，主要还是因春季第一次肥水应用的影响最大，肥水应用的晚，只能大蘖成穗，应用的早就能争取次大蘖成穗。

生产上经常利用目标亩穗数、基本苗来确定理想单株成穗数，利用“缩心蘖”的出现和肥水应用时间来调控单株成穗数。小麦分蘖新生心叶未达到上片叶接近展开时 1/2 的蘖称为“缩心蘖”（图 1–23），这样的小蘖将逐渐死亡，难以成穗。缩心蘖出现规律是先从小蘖开始，逐渐向中、大蘖转移，因此，可以利用缩心蘖出现的时间来确定春季第一次肥水的应用时间，进而实现单株成穗数调控。

（二）粒数（穗）的形成

小麦在一定低温条件下经过春化阶段后，茎顶端的生长锥就不再分化叶原基而开始伸长、进行穗分化，从此进入光照阶段直至拔节。进入光照阶段后，小麦会在日光照时间持续延长的刺激下完成穗的发育。不同品种对光周期的反应不同，可大体分为反应迟钝、中等、敏感 3 种类型。反应敏感型要求每天日照 12 小时以上，历时 30~40 天才能通过光照阶段，否则生育进程推迟；反应迟钝型对长日照要求不严，每天 8~12 小时光照经 24 天以上即能通过光照阶段。冬性品种对光照反应敏感，偏春性品种对光照反应迟钝。

1. 穗的结构

麦穗由穗轴和小穗两部分组成。穗轴由纵向排列的节片组成，通常每个节片着生一小穗（分枝小麦在第二次轴上可进一步分枝）。小穗由两枚护颖（上护颖、下护颖）和若干小花组成，每小穗有小花 3~9 朵，结实 0~5 粒，多为 2~4 粒，中下部小穗结实数高于顶部和底部。小花由外颖和内颖、鳞片（2 枚）、雄蕊（3 枚）、

雌蕊（1 枚）组成，有芒品种外颖顶端生芒，芒有一定的同化功能和阻虫功能。（图 1–24）

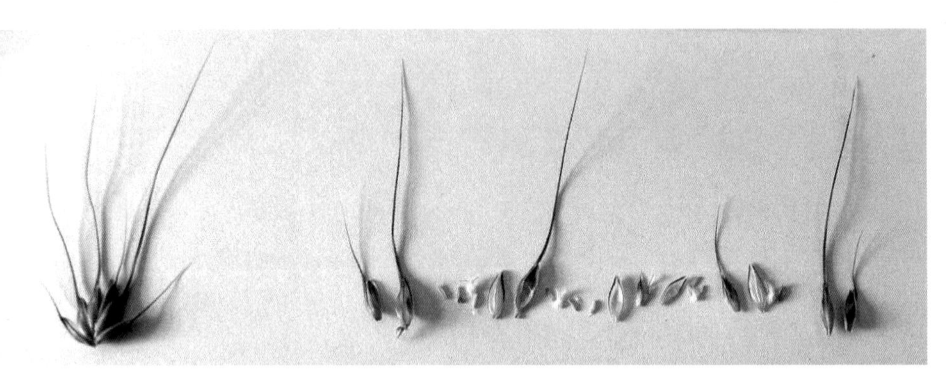

图 1–24　小麦小穗结构

2. 穗的形成过程

O. 生长锥未伸长期。茎顶端未伸长的生长锥看上去基部宽大于高、近半圆形。此期仅分化叶原基，并未开始穗分化。该阶段持续时间较长，因品种对春化反应而异。

Ⅰ. 伸长期。生长锥不再分化叶原基后即进入伸长期（图 1–25）。特点是生长锥伸长，高大于宽，略呈锥状。进入此期标志着小麦生殖生长开始，起始时间由品种冬性强弱与气候条件决定。冀中南麦区大部品种在越冬初期就陆续进入该期，而北部麦区一般在翌年返青前后进入该期。总的趋势是小麦品种春性越强开始时间越早。

Ⅱ. 单棱期（穗轴分化期）（图 1–26）。此期分化穗轴（或分枝小麦的主轴）。

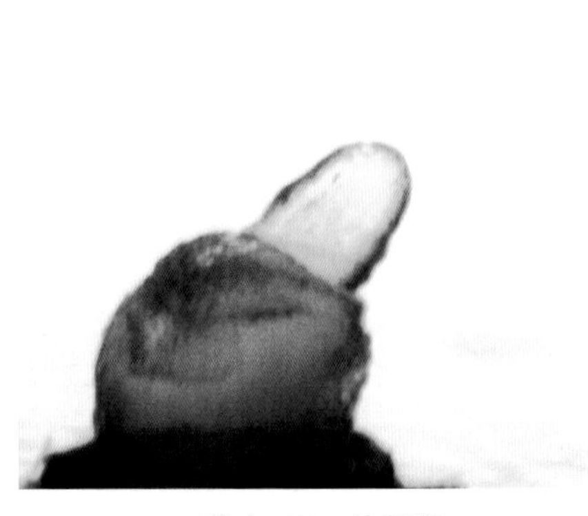

图 1–25　伸长期

图 1–26　单棱期

特点是生长锥进一步伸长，其基部渐次出现环状凸起形状的苞叶原基。苞叶原基出现后不久生长受抑制，呈半环状，并在幼穗发育过程中逐渐消失。每两个苞叶原基之间为穗轴的原始节片。小穗数多少与单棱出现的多少直接相关，此期持续时间越长，分化数目越多，将来麦穗有可能越大。一般在返青前后进入单棱期。

Ⅲ. 二棱期（小穗分化期）（图 1–27）。生长锥继续伸长、苞叶原基数量不断增加，在两个苞叶原基间开始出现小穗原基，直至分化出护颖原基，二棱期结束。一般在起身期进入。

Ⅳ. 护颖原基形成期（图 1–28）。进入二棱末期之后不久，在穗中部最先形成的小穗原基基部两侧各分化出一线裂片突起，即护颖原基，将来发育成护颖。位于两裂片中间的组织以后会形成小穗轴及各小花。一般在起身末拔节初进入。

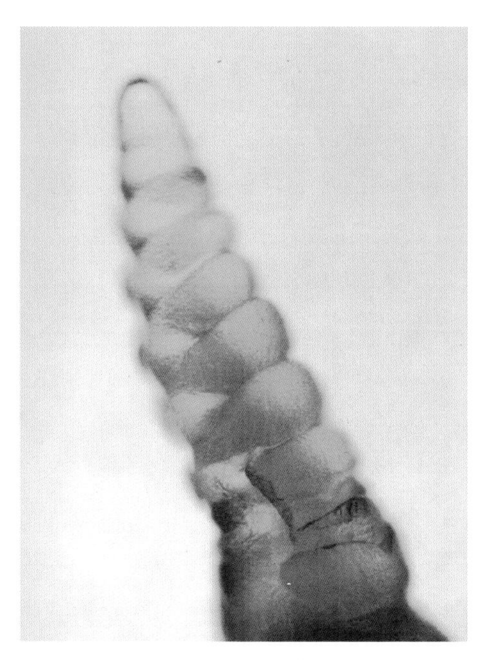

图 1–27　二棱期

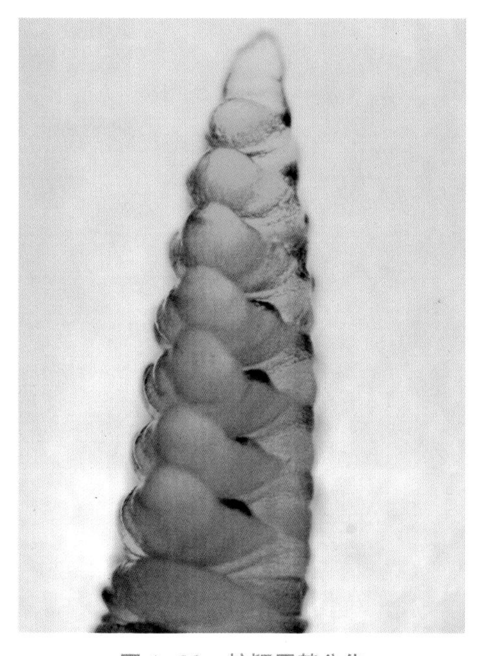

图 1–28　护颖原基分化

Ⅴ. 小花原基形成期（图 1–29）。在最先分化形成的小穗中，靠下位护颖原基内侧分化出第一小花的外颖原基（为一棱状突起），紧接着在上位护颖原基内侧出现第二小花外颖原基。至此，小穗原基上部两侧凹下，第一、第二小花明显可见。在同一小穗上的小花原基由下而上向顶式出现。在整个幼穗上中部小穗最先开始小花原基分化，渐及上下各小穗。该期也是麦穗顶生小穗形成的时期，至此，整个麦穗小穗数确定。一般在拔节期进入。

Ⅵ. 雌雄蕊原基形成期（图 1–30）。小花原基进一步发育，在外颖内侧几乎会同时出现内颖与雌雄蕊原基。初形成的内颖原基呈一顶端略尖的突起，与外颖原基对称，三枚球形突起的雄蕊原基介于内外颖之间，其中一枚位于外颖内侧。三枚雄蕊原基中间为雌蕊原基。此时，小麦春生第四叶生出。

图 1–29　小花原基分化

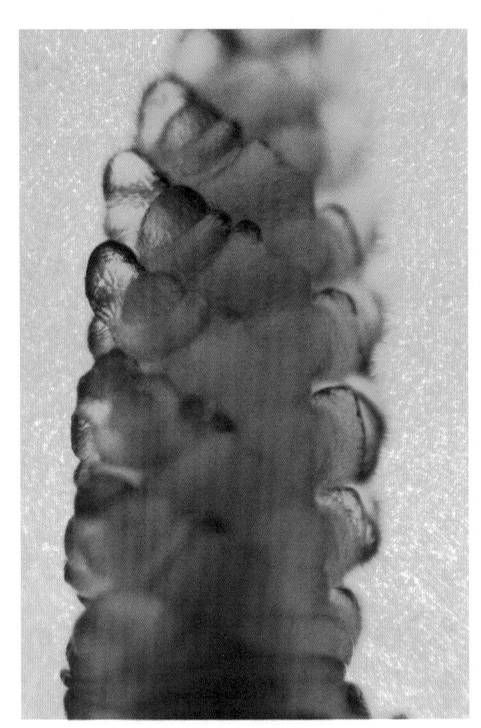
图 1–30　雌雄蕊原基分化

Ⅶ. 药隔分化期（图 1–31）。随着雌雄蕊进一步增大，雄蕊原基沿中部自顶向下出现微凹纵沟，将花药分成四个花粉囊；雌蕊原基顶部也出现凹陷，逐渐分化出两枚柱头。一般在孕穗期前后进入。

该期结束后，穗部各器官在外部形态上已分化完备，开始进行各器官体积的快速生长。

Ⅷ. 四分体形成期。花药分室后体积增大，在花粉囊内先开始形成花粉母细胞，同时雌蕊体积也增大，柱头明显伸长呈二歧状（图 1–32）。花粉母细胞经减数分裂形成二分体，二分体再有丝分裂成四分体。四分体散开成初生花粉粒，初生花粉粒经单核、二核发育成为成熟的三核花粉（2 个精细胞和 1 个营养核）。四分体形成期是小麦小花继续发育结实还是发育终止转而退化的转折点。小麦旗叶完全伸出叶鞘，进入孕穗期。

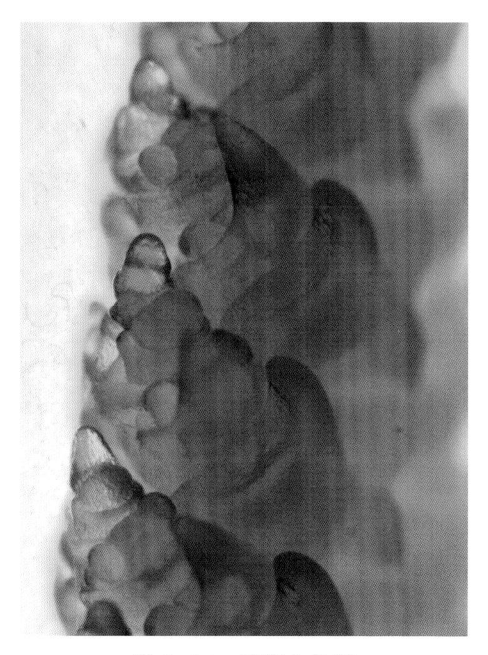

图 1-31　药隔分化期

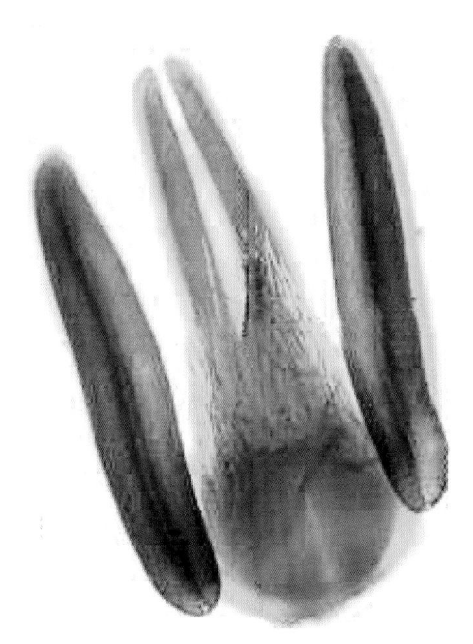

图 1-32　二歧状

3. 穗的形成特点

（1）群体内穗分化具有差异性。同一麦田，主茎穗分化进程较接近，开始较早、时间较长；分蘖开始较晚，持续时间较短，蘖位越高越明显；相邻分蘖分化期开始时约相差一期。分蘖穗分化虽开始晚，但发育快，进入第Ⅴ期后，能够成穗的茎蘖分化进程就趋于一致。分化滞后的绝大部分死亡，少有虽可勉强成穗，但经济性状远不及主茎与大蘖穗，穗小、粒少、茎秆低，就是俗称的“麦脚不利落”，春季追肥浇水偏早时常见。

（2）顶端小穗的形成决定了每穗小穗数。麦穗以顶端小穗的形成，构成其有限生长。顶端小穗是在幼穗分化进入第Ⅴ期后，由幼穗生长锥顶端一组苞叶和小穗原基群转化而成。顶端小穗的出现，标志着每穗小穗数的定局。

（3）决定小穗与小花数的关键时期 。 穗分化的第Ⅱ至第Ⅳ期是争取小穗数的关键时期；第Ⅴ至第Ⅷ期是争取小花数的关键时期；第Ⅶ至扬花授粉是防止小花退化、提高结实率的关键时期。小花的退化时间在穗分化第Ⅷ期，当穗分化进入第Ⅷ期后，1~2 天内凡能进入该分化期的小花都进入该期，并进一步形成花粉，成为有效花；凡未能进入该期的均会终止发育转向退化。在一定生态类型区内，同一品种每穗小穗数与小花数在不同管理水平下相差不大，而不育小穗数和小花数对栽培环境敏感。通常每穗小花总数可达 80 朵以上（有的可达 200 朵以上），但结实多在 30~40 粒，可见提高穗粒数关键不在于增加小穗数或小花数，而在于提高小花结实率。

（4）小穗与小花分化次序具有一定的规律性。同一麦穗上，小穗的分化是中下部→中部→中上部→基部→顶部。不同小穗位的同位小花分化顺序是中部→中上部→中下部→顶部→基部。

同一小穗小花从基部向上顺序分化，基部 1~4 朵分化强度大，平均 1~2 天 1 朵，以后分化速度变缓，2~3 天 1 朵。顶部小穗小花与基部小穗小花发生的顺序与小穗发生的顺序颠倒，顶部小穗的小花发育较基部早，基部小穗小花虽分化早，但进程慢，故一般情况下多见基部小穗不育。

同一小穗中，上下位小花发育是不均衡的，这除了与分化早晚有关外，与小穗内部输导系统也有关。同一小穗中基部 3 朵有各自独立的输导束，第三朵以上则是来自第三朵小花输导束的一套次级输导系统，致使第三朵和以上各位小花对同化产物严重竞争，同化产物不足时常导致上位花退化，这是麦田多见“勾 2、勾 3”的主要原因，而出现大量“勾 4”或以上小穗，意味着风调雨顺、管理得当或群体不足。

（三）籽粒的形成

1. 开花授粉

一般小麦拔节后经 25~30 天、抽穗后 2~5 天即可开花，全田花期 1 周左右。小麦开花期间昼夜均可开花，但每日有两个高峰，分别是上午 9:00—11:00 和下午 3:00—6:00。小麦开花时，内、外颖由张开至闭合 5~15 分钟，或颖壳张开前行闭颖授粉，或颖壳张开后开颖授粉。花粉粒落柱头上经 1~2 小时即可萌发，并在 24~36 小时后完成授精过程。小麦授精过程是典型的双授精。花粉管萌发经过胚珠珠孔进入珠心到达胚囊后，花粉管端壁形成小孔并释放出 2 个精细胞和 1 个营养核及其他营养物，2 个精细胞转移到卵细胞和中央细胞附近，一个精细胞精核入卵形成授精卵，授精卵进一步发育形成胚（2 倍体），另一个精细胞先与中央细胞（含有 2 个极核，极核为单倍体）的 1 个极核融合后再与另 1 个极核融合形成初生胚乳核（3 倍体），初生胚乳核进一步发育形成胚乳。开花期是小麦由营养与生殖生长并进转为完全生殖生长的标志。

2. 籽粒建成

双授精过程完成后，授精卵发育成胚，初生胚乳核发育成胚乳，胚珠被发育成种皮。授精卵经 16~18 小时休眠开始分裂，先横向分裂成 1 个胚细胞和 1 个胚柄细胞，接着胚细胞经一次纵裂、胚柄细胞经一次横裂形成四个细胞原胚。随后原胚继续细胞分裂扩大呈梨状，梨状体上端为顶端区，中段为器官形成区，下端为胚柄细胞区。梨状体形成不久在其一侧出现沟纹，使胚两侧发育出现不对称，这标志着胚开始各器官分化。顶端细胞区形成盾片上半部和芽鞘一部分，器官形成区形成芽鞘其余部分和胚芽、胚轴、胚根、胚根鞘等，胚柄细胞区形成盾片下部和胚柄。

初生胚乳核形成后经 0.5~1 小时短暂休眠即进行第一次分裂，以后又进行多次分裂，但起初无细胞壁形成，故前期胚乳细胞核呈游离状态，发育到一定时期后才形成由细胞壁分割而成的胚乳细胞。胚乳细胞可再分裂，直至充满配囊，最终形成胚乳。伴随着胚乳细胞的形成，淀粉开始沉积。

授精后 10 天左右，籽粒外形基本形成，长度达最大值的 3/4，即“多半仁”，此时籽粒已具发芽能力。从授粉至多半仁称为籽粒建成期。该阶段干物质增加很慢，千粒重一般日增 0.35~0.55 克，淀粉等贮藏性物质积累很少，籽粒含水量在 70% 以上。籽粒建成期通常是决定穗粒数的最后阶段，该阶段遇不良生长条件，常导致麦穗顶部、基部小穗上籽粒和中部较高位小花籽粒败育，使穗粒数降低。

3. 灌浆与粒重的形成

麦粒从“多半仁”经“顶满仓”至蜡熟期前为灌浆阶段，此期籽粒干物重迅速增加，淀粉快速积累，体积也逐渐长至最大。小麦灌浆阶段又可分为乳熟期与面团期两阶段，面团期后即渐次进入蜡熟至完熟期，粒重确定。

（1）乳熟期。该期从“多半仁”起历时 15~18 天。先籽粒长度达到最大，然后宽度、厚度明显增加，至花后 25~28 天达最大值（“顶满仓”）。随着体积增长，胚乳细胞开始沉淀淀粉，粒重迅速增加，千粒重日增重由初期 1.30 克左右提高至后期近 2.00 克、大粒品种后期甚至超过 2 克。乳熟期是籽粒增重最主要的时期，至该期结束，籽粒含水量下降至 45% 左右，粒色由起初的灰绿至顶满仓的鲜绿，直至变为绿黄，表面出现光泽。胚乳由清乳状变为乳状。植株功能叶片和茎干物重开始下降，营养器官贮存养分开始向籽粒转移，基部叶片枯黄，中部叶片变黄。

（2）面团期。籽粒干物重增加变缓，千粒重日增重迅速降至 1 克以下；胚乳由乳状变为面筋状；表面由绿黄色变为黄绿，失去光泽；体积开始缩减，其中长度减小不明显，宽度、厚度缩减明显。籽粒含水量降至40%~38%，历时2~4天。面团期是小麦植株重心最高的时期，面团期结束即进入成熟阶段。

（3）腊熟期。历时2~4天。籽粒由黄绿变为黄色；胚乳由面筋状变为蜡质状，初期可塑性较大，后期变硬；籽粒含水量由38%~40%快速下降至20%~22%，掐破已无可见水。此期初始，千粒重日增重0.5克左右，此期终止千粒重日增重基本结束，粒重达到最大值，生理上已正常成熟，是人工收获的最佳时期。旗叶、麦穗变黄，其他叶干枯，茎仍有部分绿色，故不宜机收。

（4）完熟期。历时2~3天。籽粒含水量继续下降至20%以下，高温干旱年份甚至可降至8%左右。干物质不仅停止积累，还会因呼吸消耗和养分倒流而使粒重下降。籽粒体积缩小、变硬，已不能用指甲掐断。至该期即可机收了。

第二章
播种及田间管理

第一节　备播与播种

一、备播

（一）选用品种

1. 选种原则

选择品种应从丰产性、抗逆性、适应性和优质四个方面考虑。一个好品种应是高产、多抗、广适和优质的集合。高产是先决条件，理论上凡通过审定的一般均是高产品种。多抗指品种要对有害生物、不良气候等自然的以及人为的各种生产逆境有普遍抗性。广适指在一定区域内，对各种生产条件、年际间气候变化、种植习惯乃至农户间管理水平差异等有广泛的适应性。优质指商品质量应迎合产后深加工及饮食需求。

2. 选种应注意的具体问题

第一，应选择本地区或同纬度地区育成品种。小麦有明显的区域适应性，同一个品种在此地区是良种，在彼地区就不一定高产。北部地区引种南部育成品种，需考虑能否安全越冬；南部地区引种北部育成品种，生育期延长、晚熟，需考虑能否抵御或规避干热风为害。通常情况下，南北引种纬度超过 1° 或 100 千米就需注意适应性问题。

第二，根据当地生产条件及地形地势选择品种。在不同生产条件下育成的品种，产量潜力存在差异。在旱、薄地上培育出适合高水肥种植的高产品种几率较低；而抗旱、耐瘠薄品种一般也不适合在高水肥地块种植。高水肥地块应选择抗倒、喜水喜肥、丰产潜力大的品种。地形、地势对局部小气候影响也关联到小麦安全越冬及生长发育，从而影响品种选择。地势低洼区应选择抗冻性较强品种。相反，地势较高、背风向阳地块以及南部麦区，可以考虑冬性弱些的品种，毕竟冬性偏弱品种较冬性品种高产潜力更大。

第三，选择无致命缺陷的品种，品种缺陷不得与当地主要气候灾害以及主要流行病虫害相重叠。优良品种虽具有较多的优点，却非完美，优良性表现是有条件和相对的。一些抗冻性、抗倒伏能力差以及高感某种病害或易穗发芽等严重缺陷的品种，可能在风调雨顺年份产量不错，但还是慎种为宜。

第四，根据当地经济环境选品种。如果当地有发达的加工业，对优质专用小麦需求量大，且优质优价，不妨根据企业需求选种优质专用品种。普通小麦则应选用出粉率高的中筋、中强筋白粒品种。

第五，不可盲目求新。新品种高价高风险！现在每年省审、国审的新品种有时十几个、甚至二十几个，具体到当地小区域内，到底哪个品种最适宜其生产条件、栽培习惯，只有通过试验示范后才能得知。尽管原则上讲通过审定、将当地划在适宜种植区内的品种就是适宜品种，但品种审定毕竟是有年限的，在审定期间不一定出现使品种缺陷表达的气候条件，同时审定品种在抗性鉴定方面也非面面俱到、尽善尽美。

第六，不宜频繁换种，尤其制种繁种田，否则很难保证纯度。每年小麦机收都会有不少落粒，其中相当部分直到秋季才出苗，这是频繁换种导致品种混杂的主要原因。

（二）秸秆还田

玉米秸秆还田可以培肥地力，改善土壤理化性质（通透性、适耕性、降低容重、减少板结，提高有益生物活性、氮磷钾等养分有效性和团粒结构）。宜选用摆锤式秸秆粉碎机对玉米秸秆进行粉碎还田（图 2-1），一般要粉碎 2 遍。粉碎秸秆时不得超速作业，秸秆粉碎要细（图 2-2）。

图 2-1　作业的摆锤式秸秆粉碎机

图 2-2　不同秸秆粉碎质量对比

（三）确保足墒

小麦足墒播种是确保出苗齐、全、匀的关键，也是免浇冻水和早春控水、实现节水高产的前提。小麦播种时，质地适中的土壤，要确保耕层相对含水量 80% 左右，低于 70% 要造墒播种。在玉米成熟比较晚的年份可在玉米收获前 7~10 天进行浇水，既能为小麦播种造墒，又可保证玉米后期灌浆需水，不仅提高玉米产量，还可争取农时保证小麦足墒播种，从而达到“一水两用”的效果。

（四）足施底肥

1. 施用有机肥

有机肥主要有四大功能：一是增加土壤有机质，培肥地力，改善土壤物理结构，降低容重，提高土壤适耕性、通气性和保水性；二是络合金属、金属氧化物、氢氧化物及黏粒矿物；三是能交换、吸附和保持养分；四是为有益微生物能量代谢提供碳源，促进种子发芽、发根和生长。许多矿质营养主要以有机态存在于土壤中，如耕层有机态氮占总氮量的 90% 以上，有机态硫平均占到总硫量的 81.6%；有机质含量高，无疑对这些养分的有效性和持效性有重要意义。多数高产典型出自养殖户的承包田或刻意培肥的试验地证明了作为一种“全元素肥料”的有机肥对培肥地力和获取进一步高产有不可替代的作用。有条件的地方建议亩施厩肥 2~3 立方米（图 2-3）。

图 2-3　撒施有机肥

2. 氮磷钾平衡施肥

除氮肥外，其他养分肥料都可全部基施，故小麦平衡施肥主要是通过底肥施用来体现的。氮磷钾配施，相互间是协和作用。在合理用量下，增施其中一种，均会促进小麦对另外两种肥料的吸收，从而提高产量。

小麦一生吸收的氮素营养有10%~15%来自底肥（15%~20%来自追肥、70%左右来自土壤库），但通常由于高产麦田纯氮追施上限为9.2千克/亩*左右，因而维系土壤库氮的平衡以及培肥地力，氮肥底施仍不容忽视。统计的研究资料表明，亩产450~550千克的小麦一生平均吸收纯氮（15.9±3.0）千克/亩，若以底肥吸收占10%~15%、底肥氮素利用率25%概算，需亩底施纯氮6.4~9.5千克；亩产550千克以上小麦一生平均吸收纯氮（17.9±3.6）千克/亩，亩需底施纯氮7.1~10.8千克。

小麦一生吸收来自土壤库的磷平均超过了70%，不足30%来自底肥。亩产450~550千克小麦一生吸收五氧化二磷平均为（5.7±1.3）千克/亩，其中籽粒带走70%左右，约4.0千克/亩，带走部分需全部通过底施以维系土壤含磷量，按磷肥累积利用率50%概算，相当于要亩底施五氧化二磷8.0千克；亩产>550千克小麦一生吸收五氧化二磷平均为（5.3±1.0）千克/亩，按籽粒带走70%、累积利用率50%概算，相当于要亩底施五氧化二磷7.2千克。

亩产450~550千克和>550千克小麦一生平均吸收氧化钾分别为（17.1±5.2）千克/亩与（16.5±5.1）千克/亩，其中籽粒带走不足30%，依此概算，小麦每年每亩需施氧化钾5.0千克左右。

3. 中微量元素肥料施用

河北土壤除铜、铁含量较丰富外，55%以上的有效锌、硼、锰和钼含量低于临界值，20%的硫含量不足。在底肥中每亩掺入1~2千克硫酸锌、0.2千克硼砂、2千克左右硫酸锰及30克钼酸铵可明显改善土壤微量养分状况。需要指出的是，过去中量元素硫的问题因广泛施用过磷酸钙（含硫12%）或硫酸铵（含硫24%）而被掩盖。近年来，随着两种肥料及有机肥施用越来越少，以及高浓度、不含硫的氮磷钾化肥大量持续施用，土壤缺硫问题已日渐显现。对于出现缺硫的地块，建议改施过磷酸钙、硫酸铵或硫酸钾，以补充硫，或者每年直接亩施0.25~0.7千克硫磺粉。盐碱地应避免施用高氯肥料，施硫基复混肥或低氯复混肥为宜。

---

* 1亩≈667平方米，15亩=1公顷，全书同

无论哪种肥料，若为颗粒，均可用播肥机在整地前播施（图 2-4）。用播肥机播肥，不仅易定量、速度快，且撒肥均匀。

图 2-4　播肥机播肥

（五）精细整地

精细整地是小麦播前准备的重要技术环节。其目的是使麦田达到耕层深厚，土壤中水、肥、气、热状况协调，土壤松紧适度，保水、保肥能力强，地面平整，符合小麦播种要求，为苗全、苗齐、苗壮和生长发育创造良好条件。

小麦整地、播种质量差，会造成出苗不齐，冬季易受冻害与旱灾为害（图 2-5），而保证小麦播种质量的关键在于保证整地质量。适合河北耕耙整地的机械与方式有四种：旋耕、深松、耕翻和动力耙。

图 2-5　整地质量差处冬后苗情

1. 旋耕

旋耕的优点是整地无墒沟、平整，作业简便，旋耕后可直接播种。其缺点是长期旋耕会造成犁底层过浅，根系不宜下扎；疏松的活土量少，土壤保水保肥力差。近年来冬前小麦黄苗时有发生，多因秸秆还田量大、旋耕浅，种子播在秸秆集中的土层中造成的。旋耕要求深度要达到 15 厘米以上，至少要旋耕两遍。如土壤墒情过大时，第一遍旋耕与第二遍时间间隔应保证到 6 小时。旋耕机作业速度通常要求在 5 千米 / 小时以下，刀轴转速一般为 200~350 转 / 分钟。刀轴转速可根据土壤质地及墒情来调节。过高的转速对牵引机动力及旋耕刀材质有更高要求；质地黏重、紧实、含水量大时转速可适当降低，但转速越低，旋耕质量越差，必须要降低行进速度来保证旋耕质量；旋耕行驶速度过快，不能保证旋耕深度和土壤破碎度。

为防止旋耕的土壤过于疏松，致使播种过深或冬季受旱灾、冻害影响，第二遍旋耕时可再安装一镇压棍的旋耕机旋耕（图 2–6），这样整出的地表面平整、上虚下实。

图 2–6　第二遍旋耕及使用机械

2. 深松

深松机是一种既不打乱土层、又可打破犁底层、无墒沟的整地机械。小麦整地宜用带镇压辊的全方位深松犁（图 2–7），而不宜用条带式。条带式深松犁（图 2–8）不及全方位深松整地细碎（图 2–9）。通常一个深松铲需 25~30 马力（1 马力≈ 735 瓦）动力，一台 5 铲全方位深松犁需配套 125 马力的拖拉机。震动式深松犁作业阻力可比直拉式降低 7%~17%，松土效果也优于直拉式。深松后若地表不平，可再用旋耕机旋耕 1~2 遍，或用动力耙找平（图 2–10）。

图 2-7　带镇压辊的全方位深松犁

图 2-8　条带式深松犁整地效果

图 2-9　全方位深松犁整地效果

图 2-10　动力耙

（六）病虫害防治

小麦播前，需通过种子处理与土壤处理来防治多种土传、种传病害及地下害虫和部分地上害虫，许多中后期表现典型症状的病虫害防治关键均在这一阶段，这是确保高产稳产的重要一环。

1. 病害主要防治对象

（1）散黑穗病。小麦散黑穗病是担子菌亚门小麦散黑粉菌引起的真菌性病害。感病株较矮，抽穗比健株早，穗小。抽穗初期，小穗外包裹一层灰色薄膜，里面充满黑粉。薄膜破裂后黑粉随风吹散，只剩裸露的穗轴（图 2-11）。小麦散黑穗病是通过花器侵染的系统性病害，种子带菌是唯一的传播途径。当年发病程度与种子带菌率密切相关，小麦扬花期连续风雨天气、湿度大有利于该病对种子的传播侵染。

（2）腥黑穗病。小麦腥黑穗病主要有网腥黑穗病和光腥黑穗病两种，分别是由担子菌亚门小麦网黑粉菌和小麦光腥黑粉菌引起的真菌性病害。两种腥黑穗病症状相似，均是穗部现典型症状，病株籽粒变为孢子堆，内部充满黑色粉状孢子，孢子鱼腥味；腥黑穗病穗外观完整，但颜色略深（图 2–12）。小麦腥黑穗病是系统性侵染病害。小麦收割脱粒过程中病粒护膜破裂，病原孢子附着在健康种子表面，或散落到土壤、秸秆中，成为初侵染来源。小麦播种时温度低、播种深、幼苗出土慢利于病菌侵染。

图 2–11 小麦散黑穗病

图 2–12 小麦腥黑穗病穗（引自网络）

（3）秆黑粉病。小麦秆黑粉病是由担子菌亚门小麦条黑粉菌引起的真菌性病害。秆黑粉病主要为害麦秆（图 2–13）、叶、叶鞘（图 2–14）；病斑初为淡灰色条纹，隆起后转深灰色，隆起处表皮破裂即散出黑粉（冬孢子）；病株矮小、多分

图 2–13 小麦秆黑粉病（赖军臣提供）

图 2–14 叶鞘感秆黑粉病（赖军臣提供）

蘖、病叶卷曲，病穗很难抽出，多不结实，甚至全株枯死。小麦秆黑粉病为系统性侵染病害，主要通过土壤、种子和粪肥传播。秆黑粉病菌散落到土中可以存活3~5年。小麦芽鞘在1~2毫米时最易被侵入，种子从发芽到出土的时间越长，受病菌侵染的几率越大，发病越重。

（4）霜霉病。霜霉病又称小麦黄化矮缩病，是由边鞭毛菌亚门孢指疫霉小麦变种引起的真菌性系统侵染病害。秋季多雨、稻麦连作田发生重，苗期即可出现症状，病苗叶片淡绿或有轻微条纹状花叶，叶片变宽厚、下披，皱缩扭曲；抽穗期推迟，抽穗后可见旗叶、穗茎、麦穗扭曲（图2–15），病株矮化，有的麦穗小穗叶化、无粒（图2–16）。

图2–15　霜霉病为害造成穗部畸形

图2–16　霜霉病导致小穗叶化

（5）根腐病。小麦根腐病可由平脐蠕孢菌、镰孢菌、禾旋孢腔菌等多种真菌侵染引起。幼苗期即可发病，初期症状多见于地中茎与种子根变褐坏死（图2–17），后可扩散致大部分根系或整个分蘖节，严重时导致黄苗、弱苗、死苗；后期症状多为分蘖节及基部1~2茎节褐变、基部老叶早衰、挑旗后旗叶干黄尖；点片整株死亡、形成白穗。

（6）纹枯病。纹枯病是由半知菌亚门禾谷丝核菌和立枯丝核菌引起的真菌性病害。小麦全生育期均可受害。出苗期侵染幼芽造成烂芽；苗期侵染基部叶鞘（图2–18），形成边缘褐色的云纹状病斑，严重时造成死苗；拔节期云纹状病斑逐渐扩大，连接成片，形成花秆；病菌向内侵入茎秆，形成梭形病斑，严重时可引起茎部腐烂，造成植株枯死和白穗。发病部位在小麦生长后期形成不规则的颗粒状菌核，初为白色，后变为黑褐色。该病田间侵染有两个高峰期，即冬前秋苗期、春季返青至拔节期。小麦拔节后病斑向上发展，并开始侵染茎，病情加重。

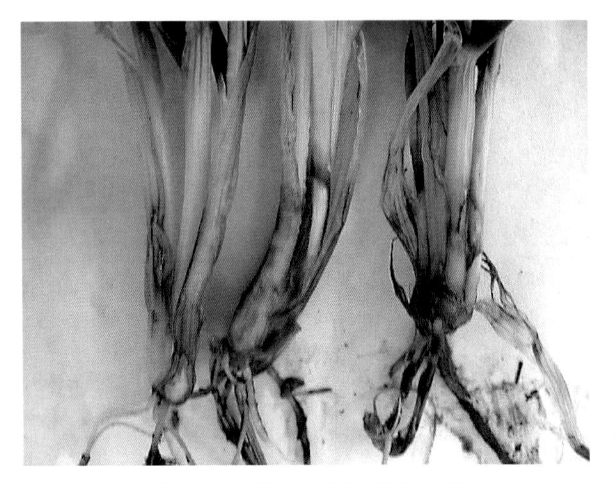

图 2-17　根腐病

图 2-18　纹枯病侵染幼苗叶鞘

（7）小麦全蚀病。小麦全蚀病是由子囊菌亚门禾顶囊壳菌引起的真菌性病害。全蚀病又称“黑脚病”，苗期感病，种子根灰黑色，分蘖减少；早春发病，初生根和次生根大部分变黑，抽穗后根系及基部 1~2 节变深黑色（图 2-19）；该病盛发期可导致局部或大片麦田死苗，有两个死苗高峰期，一是起身、拔节前后，二是灌浆期间（图 2-20）。

图 2-19　全蚀病根部症状

图 2-20　全蚀病田间成片枯白穗

（8）丛矮病。丛矮病由灰飞虱传播的北方禾谷花叶病毒侵染引起。播后 20 天感病株即可出现症状，表现为植株矮化，分蘖增多，呈丛矮状，叶色较浓绿。冬前染病株大部分不能越冬，轻病株返青后分蘖继续增多，上部叶片时有黄绿相间条纹，一般不能拔节和抽穗（图 2-21）。

（9）黄矮病。黄矮病由蚜虫传播的大麦黄矮病毒侵染引起。主要表现叶片黄化，植株矮化，冬前感病株多不能安全越冬，后期旗叶发病较重（图 2-22）。

图 2-21　小麦丛矮病（右）

图 2-22　后期黄矮病症状

（10）小麦黑颖病。由油菜黄单胞杆菌小麦致病变种侵染引起；为害小麦叶片、叶鞘、穗部、颖片、麦芒及籽粒。种子带菌是主要初侵染源，病菌从种子进入导管，后到达穗部，产生病斑。潮湿时病部溢出菌脓具大量病原细菌，借风雨或昆虫及接触传播，从气孔或伤口侵入后，可进行多次再侵染。孕穗期至灌浆期降雨频繁、高温高湿利于该病扩展。穗部染病，病部为褐色至黑色的条斑，多个病斑融合在一起后颖片变黑（图 2-23 和图 2-24），故而得名。

图 2-23　黑颖病侵染颖壳

图 2-24　黑颖病侵染茎秆

2. 虫害防治对象

（1）金针虫。金针虫属鞘翅目叩头甲科幼虫。河北省主要有细胸金针虫（图2–25）、褐纹金针虫和沟金针虫。金针虫在秋苗期和返青期为害小麦，常从地下茎部钻入（图2–26），咬食内部组织，使麦苗萎蔫、枯黄而死。此外，在土壤中食害刚发芽的种子，咬断刚出苗的幼苗，造成缺苗断垄。暖秋年份、施过腐熟程度欠佳的有机肥地块，金针虫为害往往较重。

图2–25　细胸金针虫

图2–26　金针虫钻蛀茎秆（董志水摄）

（2）蛴螬。蛴螬（图2–27）为鞘翅目多种金龟子幼虫，为咀嚼式口器，在秋季为害小麦时，可啃食种子，整齐的咬断麦苗根、茎，造成植株枯死，严重田块常造成缺苗断垄，小麦返青后继续为害。一般有机质多、疏松的地块蛴螬发生重，相反土壤黏重、有机质含量低的地块蛴螬发生轻。

（3）蝼蛄。蝼蛄属直翅目蝼蛄科（图2–28）。蝼蛄主要为害期在播种后和幼苗期，咬食新播或已发芽的小麦种子及麦苗根茎部，使幼苗发生断根枯死，造成缺苗断垄。

（4）小麦根蚜。小麦根蚜为同翅目瘿绵蚜科害虫（图2–29），在土中分蘖节处群集刺吸为害，为害严重的麦田分蘖少，成穗稀疏（图2–30），可基本造成绝收。

3. 防治技术

（1）种子包衣。采用内吸性较好的杀虫剂与杀菌剂种子包衣，不仅可有效防治小麦各种系统性侵染病害与侵染根部、茎基部的病害，防治大部分地下害虫，还可

图 2-27 蛴螬

图 2-28 蝼蛄

图 2-29 小麦根蚜

图 2-30 小麦根蚜为害麦田

防治苗期部分地上害虫如灰飞虱及蚜虫，从而有效控制病毒病。

杀菌剂处理种子，每 100 千克种子可用戊唑醇有效成分 3~4 克、烯唑醇有效成分 4~5 克、苯醚甲环唑有效成分 6~9 克、硅噻菌胺有效成分 20~40 克、咯菌腈有效成分 3.75~5 克，任选其一。霜霉病为害严重地块可改用咯菌腈 + 精甲霜灵悬浮种衣剂。杀虫剂处理种子，每 100 千克种子可用 60% 吡虫啉 20~30 毫升或 70% 噻虫嗪 150~200 克种子包衣。吡虫啉不仅可有效控制地下害虫与苗期部分地上害虫为害，而且对促进小麦根系发育、促进分蘖和分蘖成穗均有益。选用杀菌剂与杀虫剂复配的二元种衣剂较使用单剂经济方便，如用“奥拜瑞”（360 克 / 升吡虫啉 + 12.5 克 / 升戊唑醇）。

（2）土壤处理防治地下害虫。地下害虫为害严重地块，尤其施用了腐熟度较差的有机肥地块，整地前可用杀虫剂颗粒剂与肥料共同播入田间。亩用 3% 甲基异柳磷颗粒剂 2.5~3 千克或 15% 毒死蜱颗粒剂 1.5~2 千克。还可拌制毒土、毒饵整地前撒施，毒土亩用 48% 毒死蜱乳油 450~500 克，对水 3~4 倍喷拌 25~30 千克细土制成，毒饵可亩用4~5千克麦麸拌同量毒死蜱制成（图2-31）。有线虫为害地块可用噻唑磷或氟吡菌酰胺整地前土壤处理。10%噻唑磷颗粒剂亩施1.5千克，与肥料同施；500克/升的氟吡菌酰胺悬浮剂亩用100毫升，整地前地表喷施。

图2-31　拌制毒饵

二、播种

（一）适宜播期的确定

冬前积温是确定播期的主要指标。小麦冬前积温包括播种到出苗积温及出苗到冬前停止生长之日的积温。一般播种到出苗需活动积温100~120℃（播深3~5厘米），出苗后至越冬前主茎每长一片叶平均需75~80℃积温。河北省小麦壮苗指标在5叶1心至6叶1心之间，则冬前形成壮苗需要总积温为490~560℃。如果按照基本苗每亩20万计算，根据主茎叶片和分蘖同伸关系，小麦单株越冬前可以达到1个主茎和3~4个分蘖，亩茎数可以达到每亩80万左右。

按照壮苗冬前所需积温以及近年河北省内冬前积温情况，南部麦区适宜播期在10月8—18日，中部麦区在10月5—12日，北部麦区在10月1—8日。

（二）依据播期定播量

确立合理的播种量可以获得适宜的基本苗数，是建立合理群体结构、处理好群体与个体矛盾、协调小麦生长发育与环境条件关系的重要环节。基本苗数的确立一般应遵循如下原则：一是依据播种期早晚定播量；二是依据品种特性（品种分蘖力、分蘖成穗率和适宜群体大小）定播量；三是依据土壤肥力水平、质地定播量；

四是依据种子芽率、秸秆还田与否及整地质量定播量。基本苗数确立以后，可以根据下面公式计算播种量。

$$播种量（千克/亩）= \frac{计划基本苗数(亩)\times 种子千粒重(克)}{1\,000 \times 1\,000 \times 发芽出苗率(\%)}$$

在适期播种的情况下，亩基本苗冀中南掌握在20万~25万株为宜，冀北掌握在30万左右为宜。迟于适宜播期后，每晚播1天，亩增播量0.5千克。品种分蘖力差、分蘖成穗率低、土壤质地黏重、秸秆还田且整地质量差适当增加播量；反之减量。盐碱地、低水肥地块播量酌情增加。

（三）播种形式与播种深度

高产麦田应采取不大于15厘米的行距等行条播（图2-32）。在不增加播量的前提下缩小行距、等行播种。一是可以增大个体间距、使个体发育充分，增加水分、养分利用率，提高冠层光截获、降低漏光率；二是抑制田间杂草，漏至地表的光越多，杂草越繁茂；三是降低棵间水分无效蒸发。

小麦播种深度以3~5厘米为宜。过浅不利于抗旱、抗寒及安全越冬，但大于5厘米出苗时间延长、分蘖受到抑制；大于7厘米时苗弱、很难分蘖或分蘖晚而少。播深每增加1厘米，出苗需多消耗≥0℃的积温10℃左右。

图2-32　小行距等行条播

（四）播后镇压与擦耙

应选用地轮为凹凸镇压器的播种机播种（图2-33），这样播后擦耙一下即可

（图 2–34）。没有配镇压器的播种机，播后要根据土壤墒情适时镇压。若表土相对含水量在 70% 以上（手攥成团）则不宜马上镇压，待散墒 1~2 天后镇压。镇压器宽度应与畦宽相配套，并尽量选用表面凹凸的镇压辊镇压（图 2–35），表面光滑的镇压器在低凹处难以压实。实践证明播后镇压可以压碎坷垃，提高种子与土壤接触度；踏实土壤，提升土壤水分，提高出苗质量；又可以解决秸秆还田量大、架空种子、跑风失墒造成的黄苗、弱苗和死苗问题。镇压还可提高冬前和起身期土壤含水量及冬前夜间土壤温度，是一项既抗旱又抗寒的有效措施。

图 2–33　地轮凹凸、具镇压功能的播种机

图 2–34　播后擦耙

图 2–35　播后镇压

第二节　出苗及苗期管理

一、冬前杂草防除

麦田杂草包括一年生、越年生和多年生杂草，其中以越年生杂草为主。正常麦田，小麦出苗至越冬前杂草有一个出苗高峰，出苗杂草数量约占麦田杂草总量的 90% 以上。冬前杂草处于幼苗期，植株小，根系少，组织幼嫩，对除草剂敏感，而且麦苗个体小，对杂草遮掩少，是防除的有利时机。另外，此时用药还可以减轻药害以及除草剂对下茬作物为害。故而麦田提倡秋季除草。

（一）主要禾本科杂草化除

1. 节节麦

节节麦为世界性恶性杂草（图 2–36），穗状花序圆柱形（图 2–37），小穗圆柱形，叶鞘平滑无毛而边缘具纤毛。节节麦可在 10 月末至 11 月初用甲基二磺隆（世玛）喷雾防治。亩用 3% 甲基二磺隆油悬浮剂 20~30 毫升。甲基二磺隆是药害较重的除草剂，必须秋季施药，同时严格控制药量（不得超过 35 毫升 / 亩），施药时不能漏喷安全助剂（拌宝），“拌宝”每亩用量 80~100 毫升，同时还需注意有霜冻时勿施药，施药后 4 天内不可大水浇地，也不可与 2,4–D 同施，角质（硬质和强筋）品种多对该药敏感，弱苗、黄苗田喷施需慎重。

图 2–36　节节麦严重为害田

图 2–37　节节麦花序

2. 雀麦

雀麦是河北省冬麦区分布最广的禾本科杂草，叶鞘、叶两面密被白色绒毛、叶缘毛顺生是其苗期的典型特征（图 2-38），成株期穗披散、有分枝，小穗初期筒状、后期扁平（图 2-39）。防治雀麦可在 10 月末至 11 月初亩用 70% 氟唑磺隆水分散剂（彪虎）3 克或 7.5% 啶磺草胺水分散剂（优先）9.3~12.5 克对水喷施。喷施啶磺草胺时不得漏喷安全助剂。

图 2-38 雀麦苗

图 2-39 雀麦穗

3. 野燕麦

野燕麦在河北省为害南重北轻、并有逐渐向北扩散之势；该草苗期叶细长、略显扭曲（图 2-40），两面有毛，叶缘倒生卷毛，叶鞘具短柔毛及稀疏长纤毛；成株期叶鞘光滑或基部有细毛，穗顶生，小穗疏生，每小穗 2~3 朵小花，梗长、弯曲下垂（图 2-41）。防治野燕麦可用氟唑磺隆与啶磺草胺，还可用炔草酯（麦极）或精恶唑禾草灵（骠马），15% 炔草酯可湿性粉剂亩用 20~30 克，6.9% 精恶唑禾草灵水乳剂亩用 100~120 毫升。

4. 看麦娘

河北省有两种看麦娘，一是花药橙黄的普通看麦娘（图 2-42），二是花药白色或紫色（图 2-43）的大穗看麦娘。防治方法同野燕麦。

图 2-40　野燕麦幼苗

图 2-41　野燕麦穗

图 2-42　看麦娘

图 2-43　大穗看麦娘（王贵启摄）

5. 硬草

硬草为早熟禾亚科硬草属杂草，稻麦连作田发生重，河北省南部个别县有分布。该草秋季较小麦出苗略迟，叶鞘平滑无毛、中下部以下闭合；叶片线状披针形，无毛，上面粗糙；圆锥花序长约 5 厘米、分枝紧密、粗短（图 2-44）。硬草可在播后苗前用异丙隆土壤处理防治，亩用 20% 异丙隆可湿性

图 2-44　硬草

粉剂 100~150 克对水喷雾，还可在 10 月末至 11 月初用 15% 炔草酯可湿性粉剂 20~30 克 / 亩喷雾防治。

（二）越年生阔叶草化除

1. 播娘蒿

播娘蒿幼苗全株有毛，出生叶片 3~5 裂，中间裂片较大，后生叶互生（图 2-45）；成株期茎直立、有分枝，叶片 2~3 回羽状深裂，总状花序，花淡黄色（图 2-46），长角果窄条形。

图 2-45　苗期播娘蒿

图 2-46　播娘蒿田间为害状

2. 荠菜

荠菜幼苗期初生叶卵圆或椭圆形（图 2-47）；成株期茎直立、有分枝，基生叶缘有锯齿状分裂或近全缘，有柄、丛生，抽苔前呈莲座状；茎生叶披针形至长圆形，基部抱茎，边缘有缺刻或锯齿；总状花序顶生或腋生，白花；果扁平、倒三角或心形，着生于梗上（图 2-48）。

图 2-47　荠菜幼苗

图 2-48　成株期荠菜

4. 防禾草除草剂药害

图 2-99　唑草酮造成灼烧斑

冬后喷施化除禾草的除草剂如磺酰脲类氟唑磺隆（彪虎）和甲基二磺隆（世玛）、磺酰胺类啶磺草胺（优先）以及苯氧丙酸类炔草酯与精恶唑禾草灵（骠马）、肟类除草剂肟草酮等都会造成黄苗，尤其用量大时。甲基二磺隆是药害较重的除草剂，应避免春季施药，春季即便亩用 10 克，也会造成轻度黄叶和株高受抑制，常量喷雾不仅造成黄叶，还严重抑制生长（图 2-100）。

图 2-100　春季喷施世玛药害（左）

化学除草，要以田间杂草种类确定除草剂品种。施药前应仔细阅读说明书，严格按操作要求适期适量足水用药，以土地面积确定用药量，不重喷漏喷。不盲目掺混用药，防止降低药效或出现药害。发生药害后，有解药的及时喷施解药，无解药的可通过追肥、灌水或喷施叶面肥、生长调节剂来缓解症状。多数防治禾本科杂草的除草剂春季施药，都会产生药害，没有进行秋季施药的地块是否需春季施药，要看具体情况，原则上药害草害取其轻。

（二）心叶死亡

春季，麦秆蝇（图 2-101）、金针虫可致植株茎蘖心叶死亡。因虫害造成的心叶死亡在田间多点状分布，较重时喷施杀虫剂防治。

大范围心叶死亡多由严重的晚霜冻引起。河北省 4 月中旬前常遇晚霜冻为害，而心叶幼嫩、含水量高，加上喇叭口处凝聚露水，更易直接受冻。受冻心叶初期水浸状，后干枯死亡。发生较早的轻度晚霜冻害多只会造成心叶叶尖死亡（图 2-102），发生较晚的重度晚霜冻会使整个心叶及若干叶片冻死，心叶卷枯（图 2-103），进而影响后边叶片乃至麦穗伸出。有资料报道，晚霜冻来临前灌水可减缓晚霜冻害。发生晚霜冻害、心叶被冻死后，应及时人工将心叶挑开，防止干枯的心叶影响后边叶片或麦穗伸出，并及时追肥、灌水，促进生长。

图 2-101　麦秆蝇致心叶枯死

图 2-102　晚霜冻冻死叶尖

图 2-103　晚霜冻冻死心叶

（三）旗叶干黄尖

有些品种挑旗后会出现旗叶干黄尖，为品种特性；感染黄矮病株也会旗叶干黄尖、甚至整个上部叶片发黄，这种植株多出现在田边、地头，明显矮化（图 2-104）。

在田间出现旗叶干黄尖植株，通常是小麦根系出了问题，常见的是感染根腐病（图 2-105）、纹枯病或线虫病。另外，一些对根系有伤害的劣质肥料也可引起旗叶干黄尖。

防止小麦旗叶干黄尖，需将防治根腐病、纹枯病等侵染根部的病害作为重点。第一，要选择对纹枯、根腐病抗性较好的品种；第二，用“满适金”（咯菌腈 + 甲霜灵）或“卫福”（萎锈灵 + 福美双）加高浓度吡虫啉种衣剂种子包衣，有线虫为害地块可用噻唑磷或氟吡菌酰胺土壤处理；第三，根腐病严重地块应避免秸秆还

图 2-104　黄矮病造成旗叶干黄

图 2-105　根腐病引起旗叶干尖

田；第四，控制氮肥用量、增施钾肥；第五，勿用含有害物质的肥料作追肥；第六，注意防治蚜虫传播黄矮病。

（四）旗叶卷曲、抽穗不畅

除了晚霜冻将心叶冻死以及2,4-D、2甲4氯、氯氟吡氧乙酸等药害导致抽穗不畅外，造成抽穗不畅还有两个原因。一是霜霉病、秆黑粉病或粒瘿线虫病；二是土壤熟化程度低。

感染霜霉病株严重时抽穗后小穗叶化，不结实，但更多症状是抽穗时旗叶或穗茎扭曲、麦穗弯曲、难以从旗叶抽出，造成叶包穗（图2-106）。秆黑粉病也可造成病叶卷曲，病穗难抽出症状，且病穗多不结实。受粒线虫侵染植株较早时节就可出现叶片卷曲症状，卷曲叶会包裹下一叶或穗，使抽穗不畅（图2-107），这种病株多分蘖、叶上偶见凸起组织（虫瘿），穗小、株型矮化、成熟籽粒似腥黑穗病粒（虫瘿）。起过土的质地较黏重的生土地，因耕性不良、通透性差、含磷和有机质不足，不仅能造成植株生长矮弱、分蘖稀少，抽穗时旗叶扭曲也会导致抽穗不畅（图2-108）。

图2-106　霜霉病对抽穗影响

图2-107　粒瘿线虫病株（引自网络）

图2-108　生土地小麦抽穗状况

霜霉病、秆黑粉病、粒线虫病均属系统侵染型病（虫）害，土传、种传。防治霜霉病可用含甲霜灵的种衣剂“满适金”种子包衣。防治粒线虫可用氟吡菌酰胺处理种子，也可用氟吡菌酰胺、噻唑磷、丁硫克百威等土壤处理。起过土的生土地应结合深松或深翻，秸秆还田、增施磷肥（施磷酸二铵50~100千克/亩）及有机肥（3~5立方米/亩·年），培肥地力，连续3~5年即可基本改善土壤质量。

第四节 后期管理与收获

一、病虫草防治

（一）病害防治

1. 防治赤霉病

赤霉病由禾谷镰孢菌侵染引起。该菌在小麦全生育期均可发生，侵染根可造成根腐；侵染茎、鞘可造成茎腐（图 2–109），发病部位多在穗下 1~3 节的叶鞘及节部；侵染穗部即为赤霉病，可使麦穗局部或整穗干枯、形成白穗（图 2–110、图 2–111）；侵染籽粒造成粒腐，病粒皱缩、胚部或全粒紫红色（图 2–112）；病粒含多种毒素，能引起人、畜中毒，超 4% 则不能食用。该病主要由风雨传播，开花期降雨和灌浆期多雨、潮湿是赤霉病重发的诱因，抽穗后开花前及灌浆初期是防治的两个关键期；花期遇雨，花后必须及时喷药。可用咪酰胺有效成份 15~20 克 / 亩、氰烯菌脂有效成份 25~50 克 / 亩或烯唑醇有效成分 20~30 克 / 亩对水喷雾。灌浆期间多阴雨，可加喷 1 次杀菌剂，但需注意用药安全间隔期。

图 2–109 赤霉病侵染茎秆症状

图 2–110 赤霉病穗（局部侵染）

图 2-111　赤霉病穗（整穗侵染）

图 2-112　感赤霉病粒

2. 防治白粉病及锈病

（1）白粉病。由禾本科布氏白粉菌小麦专化型侵染引起，地上部各部位均可感病，但以叶、鞘为主，严重时也侵染穗部。初发病时，叶面出现 1~2 毫米白色霉点，后渐扩大为近圆形至椭圆形白色霉斑（图 2-113），霉斑表面有一层白粉，遇有外力或振动即飞散。现有品种多高感白粉病，气候适宜年份不及时防治可造成麦穗不实而严重减产（图 2-114）。

图 2-113　感白粉病叶片

图 2-114 感染白粉病不实植株

（2）条锈病。主要侵染叶片；夏孢子堆鲜黄色，长椭圆形，与叶脉平行排列（图 2–115 和图 2–116）；条锈菌在河北基本不可越夏、越冬，为害以外来菌源为主，我国西北、西南地区为越夏区，黄淮海南部为越冬区，4 月，条锈菌由越冬区传入形成发病中心，后渐扩散蔓延。

图 2–115　小麦条锈病

图 2–116　条锈病田间为害状

（3）叶锈病。叶锈病主要侵染叶片（图 2–117）；夏孢子堆黄褐色，圆形或长椭圆形，散乱分布。该病菌既耐高温，也耐低温；在河北省叶锈菌利用自生麦苗（图 2–118）和晚熟春麦以夏孢子越夏，秋季就近侵染秋苗。

图 2–117　小麦叶锈病

图 2–118　感叶锈的自生麦苗

防治白粉病、锈病，可亩用 12.5% 烯唑醇可湿性粉剂 25~30 克、20% 三唑酮乳油 100 毫升对水 30~50 千克或 50% 甲基硫菌灵可湿性粉剂 1000 倍液喷雾。喷雾时应足量对水，保证下部叶片着药。

（二）虫害防治

1. 蚜虫

蚜虫是小麦中后期常发重发害虫，河北省主要有麦长管蚜（图 2-119）、麦二叉蚜（图 2-120）、禾谷缢管蚜（图 2-121）、无网长管蚜（图 2-122）及玉米蚜，5 月中旬是蚜虫为害高峰期；防治小麦蚜虫，可与防治吸浆虫幼虫结合起来，统防统治。

图 2-119　麦长管蚜

图 2-120　麦二叉蚜

图 2-121　禾谷缢管蚜

图 2-122　无网长管蚜

2. 吸浆虫幼虫

小麦抽穗至扬花期，吸浆虫羽化、交尾，在内外护颖、小穗间产卵后，卵经 5~7 天孵化，幼虫钻入护颖内吸食麦粒浆液，造成瘪粒（图 2-123）。

图 2-123　吸浆虫幼虫及被害麦粒

防治蚜虫及吸浆虫幼虫，可在灌浆初期施药。用 10% 吡虫啉可湿性粉剂

10 克 / 亩或 2.5% 高效氯氟氰菊酯 20 毫升加 40% 杀螟松可湿性粉剂 10~15 克等喷雾。

图 2–124　蝗虫爆发性为害（张书敏提供）

3. 蝗虫与黏虫

沿海地区、洼淀与内涝地区、河泛区和水库周边地区需注意蝗虫为害（图 2–124），当蝗虫密度达每平米 25 头时应及时喷药防治，用菊酯类杀虫剂 1500~2000 倍液喷雾。张家口、承德两地 6 月中下旬春小麦需注意防治 2 代黏虫为害，黏虫发生严重时可亩用 200 克 / 升的氯虫苯甲酰胺悬浮剂 10 毫升对水喷雾。

4. 其他害虫

麦田后期还可见棉铃虫（图 2–125）、赤须盲椿（图 2–126）、象甲（图 2–127）、灰飞虱（图 2–128）等，但这些害虫通常群体较小，一般不会对产量带来大的影响，仅在发生严重时及时防治既可。棉铃虫可用氯虫苯甲酰胺喷防，赤须盲蝽可用氟虫腈喷防，象甲、灰飞虱用菊酯类农药既可。

图 2–125　棉铃虫

图 2–126　赤须盲椿

图 2–127　象甲

图 2–128　灰飞虱成虫与若虫

（三）攀缘性阔叶草化除

小麦后期，若攀缘性阔叶草田旋花（图 2–129）、打碗花（图 2–130）、萝藦类植物及葎草大量滋生，不仅影响小麦生长，还极易引发倒伏。防治这些攀缘性阔叶草，可在小麦黄熟期，亩用 20% 氯氟吡氧乙酸乳油 40~50 毫升对水对杂草定向喷雾或人工拔除。

图 2-129　田旋花

图 2-130　打碗花为害状

（四）芦苇化除

芦苇喜水生或湿生，是黑龙港低平原区部分麦田主要杂草（图 2-131）；其根状茎十分发达，临近沟渠、池塘的农田，芦苇可通过根茎生长不断向农田扩散，由苇塘改造而来的农田也极易受其为害。尽管芦苇对小麦为害很大，但化除时机则在夏季。有芦苇麦田，第二茬应种植豆类作物，在豆类作物生长期间，亩用 10.8% 的高效氟吡甲禾灵乳油（高效盖草能）40~60 毫升或 15% 的精吡氟禾草灵乳油（精稳杀得）133 毫升对水喷施，一次化除不净时可喷 2 次。

图 2-131　芦苇严重为害麦田

二、水肥管理

（一）水分管理

小麦灌浆盛期，田间持水量应保持在 70% 以上。该阶段需视天气情况应变灌水，一般年份不需灌水。干旱年份、沙土地当土壤墒情不足时酌情灌水。需要灌水时应尽量早灌，浇小水。冀中南地区不宜迟于 5 月底。灌水晚，不仅增产效果不明显，还会增加倒伏风险。

（二）养分管理

小麦后期不需要再根施肥，但可根外追肥。喷药时，加入 0.2% 的磷酸二氢钾或 2%~3% 的尿素，对防治叶片早衰、抵御干热风、提高粒重、改善品种有益。

三、适时收获

小麦成熟后籽粒有养分回流现象，腊熟期收获是小麦粒重、产量最高的时期。故小麦机收应完熟初期收获，不宜过晚。收获时应选具有秸秆粉碎、抛撒装置的联合收割机（图 2–132），割茬不得高于 15 厘米，防止因留茬过高或秸秆过于集中而影响下茬作物播种出苗。收获的小麦若含水量高于 13%，需晾晒至 13% 以下再入库。有条件时可将麦秸打捆清出田间、销售（图 2–133），这样既可增加收入，又可降低二点委夜蛾对夏玉米为害。

图 2–132　具秸秆粉碎抛撒装置的收割机

图 2–133　麦秸打捆

四、后期小麦生长异常原因与对策

（一）白穗、干穗

1. 病害导致白穗

根腐病、纹枯病、赤霉病、全蚀病等可导致白穗。根腐病导致白穗田间多点状分布、整株死亡（图 2–134）。根腐病、纹枯病侵染茎秆（图 2–135），一旦病斑“交圈”、切断养分水分上下输导，亦可致病斑上部组织死亡，形成白穗。赤霉病是目前造成田间点片白穗的主要原因，因赤霉病白穗，全田既有整穗干枯，也有半截干枯穗（图 2-136），雨水偏多年份干枯部位还可见红色霉层；花期遇雨及灌浆期连阴雨是赤霉病重发的诱因。全蚀病导致白穗在田间多呈片状分布，范围较大。

防止因病害导致的白穗应做好以下几项工作：第一，要选种无病种子；第二，做好杀菌剂种子处理；第三，做好起身期根腐病、纹枯病及全蚀病的喷药防治；第四，做好开花前后赤霉病防治。

图 2-134　根腐造成白穗

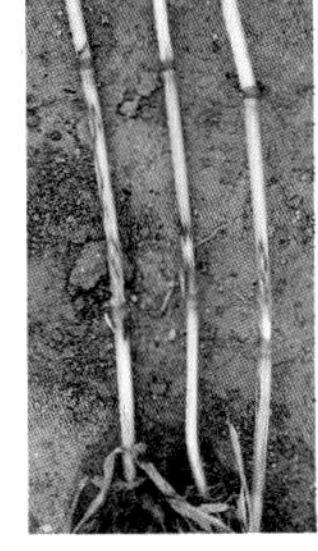

图 2-135　茎秆感纹枯

图 2-136　赤霉病重发麦田

2. 虫害导致白穗

麦秆蝇、麦茎谷蛾可将茎秆咬断（图 2-137），使上部组织死亡，形成白穗。金针虫、蛴螬、蝼蛄为害茎基部可导致地上部分组织死亡，形成白穗。

防止因虫害造成的白穗，除播前做好杀虫剂土壤处理及种子包衣外，害虫为害盛期及时喷施杀虫剂或全田灌药。

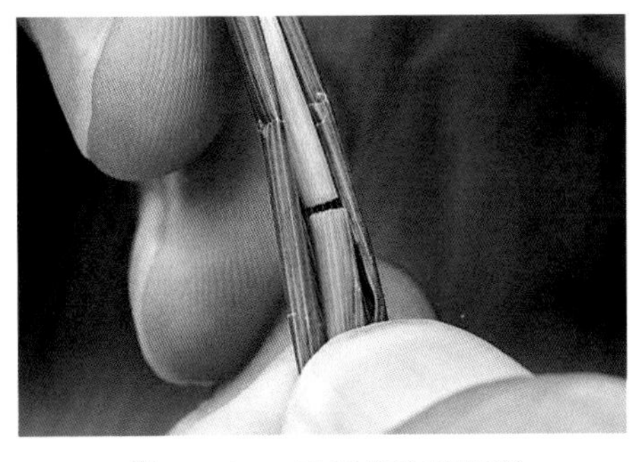

图 2-137　麦秆蝇咬断茎秆

3. 药害导致白穗

后期施药防治病虫害，盲目掺混用药、用药量过大、施药浓度过高往往会造成药害。鹿泉市曾有一农民将下发的“一喷三防”之 3 种农药和自己另购的 2 种农药（其中还有种复配制剂）混在一起、每亩只喷 1 桶水（15 千克），因施药浓度过高，致使麦穗茎节基部及倒二茎节基部幼嫩处腐烂（图 2-138），着药多的小麦全部干穗（图 2-139）。

防止因药害造成白穗，施药时必须严格控制药量、足量对水，不盲目掺混用药，尤其单剂与复配制剂掺混。在未弄清复配制剂成分情况下与单剂掺混，易造成某种或某类药剂超量而出现药害。

图 2-138　药害导致穗茎基部腐烂

图 2-139　药害导致干穗

（二）小穗败育

1. 田间郁蔽及缺肥造成小穗败育

种植叶片肥大品种、种植密度过高，春季追肥浇水过早使田间郁蔽、“麦脚不利落”、小的麦穗过多，常使株高较低的麦穗基部败育小穗增多（图 2-140）。沙土地保水保肥差，前期旺长、群体偏大，中后期脱肥也会造成下部败育小穗增多。正常情况下麦穗基部有 0~3 个败育小穗。

图 2-140　郁蔽导致小穗败育

防止因田间郁蔽造成败育小穗增多，应首先选株型紧凑、叶片短小之耐密品种，同时注意合理密植；正常麦田应避免返青至起身初期追肥浇水，控制无效分蘖和小的麦穗数量。易脱肥麦田酌情在孕穗至扬花期灌水时少量追肥。

2. 纹枯病造成小穗败育

较早重感染纹枯病的植株会出现败育小穗，败育小穗出现在麦穗顶端（图 2-141），麦穗顶端的节片及小穗发育均出现异常，使麦穗看上去粗短、长度不及正常的 1/2。

图 2-141　纹枯病致小穗败育

防止因纹枯病导致的小穗败育应做好以下几项工作：第一，避免种植高感纹枯病的品种（石 4185 后代的品种

3. 猪殃殃

猪殃殃为多枝、蔓生或攀缘状草本植物；茎有 4 棱角，棱上、叶缘、叶脉上均有倒生的小刺毛；叶纸质或近膜质，6~8 片轮生，稀为 4~5 片（图 2-49），带状倒披针形或长圆状倒披针形，顶端有针状凸尖头，基部渐狭，两面常有紧贴的刺状毛，近无柄。聚伞花序腋生或顶生，花冠黄绿色或白色，辐状，裂片长圆形；花期 3—7 月，果期 4—11 月（图 2-50）。

图 2-49 猪殃殃幼苗

图 2-50 猪秧秧田间为害状

4. 麦瓶草

麦瓶草全株被短腺毛，根为主根系；茎直立、单生、不分枝；基生叶匙形，茎生叶长圆或披针形（图 2-51），基部楔形，顶端渐尖，两面被短柔毛，边缘具缘毛，中脉明显；二歧聚伞花序，具数花；花粉红（图 2-52）、直立，蒴果梨状。

图 2-51 麦瓶草幼苗

图 2-52 麦瓶草花序

5. 小蓟

茎直立、绿而带紫，被白色绵柔毛，有棱，上有分枝；叶互生，长椭圆状披针形，先端短尖，叶全缘或疏齿裂，每齿具金黄色小针刺，故又称刺儿菜，其叶两面均有白色绵柔毛；头状花序顶生，小花紫红色或白色（图 2–53），花单性，雌雄异株。

图 2–53 小蓟

6. 小花糖芥

该草主要分布于京广铁路以西麦田，可越年生；总状花序顶生，花淡黄色、似播娘蒿（图 2–54），长角果；基生叶丛生构成莲座状，叶顶端急尖、基部楔形、边缘具深波状疏齿或近全缘，茎生叶披针形，无裂、无柄。

对于秋季出苗的越年生阔叶草，秋治防效最佳。此时施药，小麦未封垄、杂草易着药，草龄小、对除草剂更敏感。该组杂草可用苯磺隆、双氟磺草胺、2 甲 4 氯、氯氟吡氧乙酸等防治。药剂可与防禾本科杂草的除草剂混喷，也可单独施用。10% 苯磺隆可湿性粉剂亩用 10 克，50 克 / 升的双氟磺草胺悬浮剂亩用 10~12 毫升，20%2 甲 4 氯钠水剂亩用 250~300 毫升，20% 氯氟吡氧乙酸乳油亩用 40~50 毫升。慎用唑草酮，该药日平均温度 5℃以上、30℃以下方可施用。

图 2–54 小花糖芥

二、冬前水肥管理

（一）灌蒙头水或出苗水

小麦发芽、出苗的最适土壤湿度为 70%~80%，低于 70% 就会影响出苗。质地适中（壤土、轻壤土及偏沙性土壤）麦田，应尽量避免浇蒙头水或出苗水。河北省各地 10 月 1 日前后降雨概率较高，近年来人们为了省工省水，越来越多的采用了抢墒播种。当土壤墒情不足以支持抢墒播种麦田正常出苗时，就需被动的浇出苗水来保证出苗。浇蒙头水或出苗水后要及时锄划破除板结。与足墒播种的相比，浇出苗水的麦田不仅出苗率低，蘖少、苗弱，造成的土壤裂缝影响小麦抗旱抗寒和安全越冬（图 2–55），往往不得不再浇冻水，利用水的冻融作用来弥补裂缝，不利于节水高产。

图 2-55　浇出苗水后麦田龟裂

有三类地块需采用浇蒙头水或出苗水的做法，一是黏土地，二是盐碱地，三是晚播麦。黏土地由于适耕期短，土壤失墒慢，浇底墒水后可能影响播种及出苗质量，宜浇出苗水，待少部分麦苗已开始出土时浇水。盐碱地可通过浇水的方法压盐保苗。上茬种植晚熟作物导致不能适期播种的晚播麦，播种时多土壤墒情较差、农时紧张，可采取先播种后灌水的方式来争取农时。

（二）封冻水与冬前追肥

冀中南麦区质地适中的正常麦田，均可采取足墒播种、播后镇压、免浇封冻水的节水高产技术。但下列情况需灌封冻水：第一，抢墒播种、镇压不实、土壤墒情较差的（图 2-56）；第二，质地黏重、浇出苗水、裂缝较大的；第三，保水性差的沙质土壤；第四，因各种原因造成的弱苗田。冀北麦区灌溉封冻水有利于麦苗安全越冬。灌水应掌握在昼消夜冻时进行。

底肥充足的麦田通常冬前不需要再追肥。保肥性差的沙质土壤，因秸秆还田后旋耕浅造成的黄苗田以及底肥仅施用磷酸二铵的麦田，可结合浇冻水亩施尿素 10 千克左右，底施钾肥不足的补施氯化钾或硫酸钾 5~10 千克。

图 2-56 冬灌（董志强提供）

三、冬前扶弱控旺

小麦冬前壮苗标准因地区、种植品种的不同而各异，主要用个体、群体两项指标来衡量。就群体而言，冬前亩茎数控制在 80 万左右、3 叶以上大蘖占 60% 为宜，亩茎数超过 120 万视为旺苗（图 2-57），不足 60 万视为弱苗田。河北种植冬性、半冬性品种，一般冬前主茎 6 叶、分蘖 4~5 个为一类壮苗，主茎 4~5 叶、分蘖 3 个左右为二类苗，主茎 3 叶或不足 3 叶、只有 1 个分蘖或无分蘖则为弱苗；主茎叶数达到 7 片为旺苗。

图 2-57 冬前旺长麦田

应依据苗情分类管理。播期早、播量大以及遇暖秋年份，常会造成麦苗旺长。对于有旺长趋势的麦田，应及时采取镇压、中耕断根或化学控旺等措施来控制旺长。镇压时力度要适中，土壤含水量过大时不宜镇压；化学控旺可喷施浓度为100~150毫克/公斤的多效唑。弱苗田应区分形成弱苗的原因有针对性的进行管理。因上茬种植棉花、大豆、花生、甘薯等作物而造成的晚播麦，浇水后应适时锄划，破除板结、弥补裂缝、促进分蘖。因玉米还田秸秆量大、旋耕浅，种子种在秸秆过于集中的土层、秸秆腐熟过程中“烧苗”形成的黄苗，以及底肥质量问题（如酸度过高）造成的肥“烧苗”；或者受到有害物质污染或用药不当（如喷施世玛过量、浓度过大、忘记加喷“伴宝”）形成的弱苗，需及时灌水。因感全蚀病、纹枯病、根腐病及黄矮病等造成的黄苗，及时防治病虫害。因底肥不足、地力较差造成的黄弱苗，结合封冻水补施化肥。

四、促苗返青

（一）正常麦田管理

一般情况下，整地播种质量好、田间相对持水量>60%的麦田不需要返青期水肥管理。管理的主攻方向是：促苗早返青、早生长，提高年前分蘖质量，控制春生分蘖，促根系发育，培养壮秆大穗。正常麦田水肥施用过早，易使群体失控、田间郁蔽、病害加重、分蘖两级分化滞后、增加无效小穗、“麦脚”不利落、加大倒伏风险。对于浇蒙头水或出苗水、以及浇冻水偏早的地块可采用锄划松土来达到增温保墒、促进根系下扎及除草之目的。播后未浇水的麦田可采用镇压保墒。

（二）弱苗田管理

以下情况需返青期进行水肥管理：① 受冻害严重、但亩茎数仍在30万以上、无需毁种的麦田；② 因整地质量差，遇秋冬干旱、土壤失墒严重，已出现黄苗、死苗的麦田；③ 播期过早、播量过大、冬前旺长、越冬后苗情极差的麦田，这种麦田在水肥管理前还应用耙子搂除干叶、清棵，让绿色叶片能直接受光；④ 瘠薄地、底肥施用量不足，春季严重脱肥麦田；⑤ 种植不抗病品种，初生根因感纹枯病、根腐病等已丧失吸收功能的麦田（图2-58），通过浇水来刺激次生根发育；⑥ 冬前分蘖少、个体发育欠充分、群体偏小的晚播麦。前五种情况返青初期、气温升至3℃以上时即可追肥浇水。晚播麦返青后期开始肥水管理，土壤墒情好时，可推迟至起身初期。结合浇水亩施尿素5~10千克。

图 2-58　春季感根腐与纹枯病麦根

五、苗期生长异常原因与应对

（一）霜冻致叶片局部干枯

叶片局部干枯（图 2-59）多发生于第一片和第二片真叶上，由霜冻造成。刚出土的第一片和第二片真叶幼嫩，抗冻性差，极易受霜冻为害。之所以仅局部干枯，是因为冬前霜冻多为夜晚平流霜冻，冷空气一扫而过；冷空气比重较大，多薄

图 2-59　霜冻致幼苗叶片局部干枯

薄一层聚集于地表，且在地表滞留时间较长，故而近地表刚出土的叶肉组织就会冻伤、冻死，但受冻处维管束仍具输导功能。随着叶片伸长，受冻部位高出地表明显可见，并会呈斑块状逐渐枯死。若多夜遇霜冻，就会有 2 个以上的枯斑在同一叶片呈断续状，枯斑上部、枯斑之间及下部叶片仍然正常。

小麦进入三叶期后，则不会再出现如此症状。晚播麦出苗期间易遇霜冻，故晚播麦此情况多见，适期播种是防止刚出苗幼叶受霜冻为害的关键。

（二）冬前黄苗

小麦黄苗多发于幼苗“离乳期”（三叶期）之后，造成小麦黄苗的原因有多种。第一是还田玉米秸秆量大，旋耕浅，不足 10 厘米，种子播于秸秆集中的土层中，加上播期早、气温高，或暖秋年份，秸秆腐熟过程中争氮、“烧苗”，是多数麦田黄苗的主要原因（图 2-60）。第二是“白籽”播种，小麦感上全蚀病、纹枯病、根腐病（图 2-61）以及黄矮病等亦造成黄苗。第三是因施底肥量过大或底肥质量问题（如酸度过高、含有害物质）造成的肥“烧苗”。第四是土壤熟化程度低、理化性质不好，或缺水、缺氮、钾、硫肥；黏土地、秸秆还田浇出苗水、土壤板结也可导致黄苗。第五是污水污染土壤、空气污染或前茬除草剂残留引起。第六是由用药不当引起，如喷施“世玛”过量、浓度过大、忘记加喷“伴宝”、与 2,4-D 混施；冬前喷施乙羧氟草醚、唑草酮防治阔叶草，低温时施药、遇霜冻及用量大，叶片都会出现发黄之药害。

图 2-60　旋耕浅造成的黄苗

图 2-61　根部感病造成黄苗（董志水摄）

当发生小麦黄苗后，应先甄别原因，再根据原因采取相应对策。对于第一、第四种情况，以及用药不当造成的黄苗，应该马上浇水，并结合浇水亩施 10 千克左右尿素，未底施钾肥的建议加施 10 千克左右氯化钾或硫酸钾。对于肥“烧苗”和受到有害物质污染的麦田，也应该马上浇水，但不施肥。质地黏重土壤，浇水后应及时锄划，破除板结。对于全蚀病、纹枯病、根腐病等真菌性病害造成的黄苗，可用三唑酮、咯菌腈、烯唑醇等杀菌剂灌根。黄矮病是蚜虫传播的一种病毒病，一般田边地头发病重，防止因黄矮病引起的黄苗关键是苗前防治蚜虫以及处理田边地头杂草、消灭病虫寄主；麦苗一旦感病，也没有太好补救措施，感病麦苗多不能越冬。因药害、肥害造成的黄苗还可喷施赤霉素、芸苔素等生长调节剂。

（三）畸形苗

致麦苗畸形的原因主要有两种，一是三唑类杀菌剂处理种子用药量过大，二是玉米除草剂残留药害。三唑类杀菌剂处理种子，用药量超常量 1 倍以上，可导致芽鞘伸长不舒展、地上部矮缩、叶片卷曲（图 2-62）、地中茎伸长受抑制等症状。莠去津残留并未导致麦苗死亡的情况下，麦苗会出现畸形之药害，主要症状是茎、叶细弱，分蘖节变小、变圆，播种深的可看到地中茎伸长严重受抑（图 2-63）。

图 2-62　高量三唑酮导致苗畸形（右）

图 2-63　莠去津残留导致畸形苗

三唑类杀菌剂被作物吸收后，可抑制赤霉素合成，采用三唑类杀菌剂种子处理，一般会延迟出苗 1~2 天，用量过大时，轻则造成畸形苗，重则导致不出苗。12.5% 的烯唑醇若用量超过了种子量的 0.3%（有效成分用量 >10 克 /100 千克种子），出苗率会降至 20% 以下。玉米生长季节应避免仅用莠去津化学除草，采用含莠去津的除草剂化除时应避免二次用药，二次用药或中后期防除大草时再用莠去津，遇干旱年份莠去津降解慢时，就可能导致小麦受害。发生畸形苗后，可通过灌水来缓解症状；另外，因莠去津残留造成的药害，还可喷施 3~10 毫克 / 千克的复硝酚钠（1.8% 复硝酚钠 0.2~0.4 克 / 亩）+0.2% 磷酸二氢钾、0.01~0.05 毫克 / 千克的芸苔素内酯 +0.2% 磷酸二氢钾或 20~40 毫克 / 千克的赤霉素 +0.2% 的磷酸二氢钾来缓解药害。

（四）枯心苗

有两种害虫可导致苗期麦苗枯心，一是瑞典麦秆蝇，二是金针虫。瑞典麦秆蝇又称黑麦秆蝇，幼虫常在茎基部叶鞘内为害，咬食生长点与叶片基部幼嫩组织（图 2-64），造成麦苗枯心。金针虫也可在茎基部钻蛀孔洞，咬食茎内幼嫩组织，造成枯心。冬前枯心麦苗多数死亡，致使田间缺苗断垄。施用未腐熟有机肥地块金针虫为害较重；暖秋年份，两种害虫会偏重发生。

防止麦苗枯心，在做好杀虫剂种子处理基础上，施底肥时撒施丁硫克百威、甲基异柳磷或毒死蜱颗粒剂，当发现麦田有枯心苗时可用辛硫磷、毒死蜱等在枯心苗周围顺垄灌根，枯心苗较多时可改为结合浇水全田灌药，用药量掌握在喷施量的 8~10 倍。

图 2-64　麦秆蝇分蘖节处为害

（五）冬前死苗

冬前除虫害可导致死苗外，上茬除草剂残留、劣质肥害以及早霜冻都可导致死苗。除草剂残留主要是莠去津，莠去津半衰期 60 天、土壤残留期可长达 10 个月，玉米季节全量施用莠去津（200 毫升 / 亩）或重复施用含莠去津的除草剂，遇干旱年份莠去津降解慢时，其残留轻则导致麦苗生长细弱、畸形，分蘖减少，重则导致死苗（图 2-65）。施用含有害物质的劣质肥料以及施肥量过大造成“肥烧苗”，也均会使麦苗生长异常，麦苗弱小、分蘖减少，甚至不出苗或出苗后死亡；如肥料酸度过高、肥料被三氯乙醛（酸）污染（生产过磷酸钙时用了含三氯乙醛或三氯乙酸的废硫酸）、含氰化钾等。早霜冻也能导致死苗，但这种情况多见于播种密度过大的地方（图 2-66）。

防止冬前死苗，应从上茬作物开始，上茬作物应尽量避免使用残留期长、对小麦有害的除草剂，如玉米全量单施莠去津化学除草，重复施用含莠去津的复配制剂以及施药时“搭茬”过大；上茬种植大豆时喷施氯嘧磺隆与异恶草松等长效、高残留除草剂。要选择质量、信誉可靠的肥料作底肥。播种时要防止因种植密度过大形成“假旺苗”，假旺苗既易受早霜冻害，也多不能安全越冬。虫害严重地块及时治虫。

图 2-65　莠去津残留田麦苗

图 2-66　早霜冻致密度过大处死苗

（六）冬春季死苗

导致冬春季死苗的原因有冻害、旱灾、病虫害及“倒春寒”。冻害既有初冬冻害，也有越冬期间冻害。种植品种抗冻性差、越冬期提前、暖秋年份突然急剧降温、冬前严重雾霾、播期过早、播量过大往往造成越冬初期死苗。最普遍的越冬初期死苗是因播期过早、播量过大（图 2-67），半冬性品种主茎叶数超过 7 片，遇暖秋年份冬前形成“假旺苗”，再遇突然急剧降温；盲目由南向北引种，品种抗冻性差（图 2-68）；以及提前降温入冬，小麦未经练苗过程；小麦因雾霾光照不足，养分积累少均可造成初冬死苗。

图 2-67　播期早、播量大麦田冬后长相（右）

图 2-68　不同品种抗寒性差异

越冬期间出现长寒型天气，极端低温超过小麦耐受极限及干旱，冬季气温回升至 0℃以上后又大幅剧烈降温均会造成越冬期间死苗。强冬性品种分蘖节处温度低至 -16~-12℃、冬性品种 -14~-10℃、半冬性 -12~-8℃以下时就可造成冻害。小麦可把 -5 厘米地温 -21℃视为极端低温阈值，无论哪类品种，冬季分蘖节处出现 -21℃以下极端低温超过 1 小时，理论上讲都会造成 50% 以上死苗。干旱不仅直接导致越冬及早春死苗，还加重越冬期间冻害形成，相当多的越冬期死苗与干旱密不可分（图 2-69）。

病虫害可加重冬春季低温、干旱年份死苗程度。感染黄矮病、丛矮病、线虫病株多不能安全越冬。根腐病、纹枯病在小麦苗期多侵染初生根与地中茎使初生根失去功能（图 2-70），感病株即便能够越冬，但在冬春干旱年份，由于次生根基本分布于表层干土中，吸水功能差，春季若不及时灌水刺激次生根发育，在干旱的作用下，感病株也会死亡。

图 2-69　2008—2009 年干旱对早播麦田影响

图 2-70　根系感病株

预防冬春季死苗应做好以下几点：第一，选择抗寒抗旱性好的品种、不跨区引种。第二，选择可适度控制地中茎伸长的种衣剂种子包衣。第三，秸秆粉碎要细；足施底肥、平衡施肥；第二遍旋耕时应选用额外装有镇压辊的旋耕机旋耕，使整地做到上虚下实。第四，要以品种定播期，以播期定播量，播种期不得超越当地最早安全播期。第五，播种深度不宜<3 厘米；播后做好镇压与擦耙；苗前及时清理麦田及田边地头杂草和传毒媒虫（灰飞虱、蚜虫），防止感染病毒病。第六，对于有旺长趋势的麦田可采用锄划断根、镇压以及喷施 100~150 毫克 / 千克的多效唑控旺。第七，质地较差的地块（黏土地、沙土地）与中北部麦区要适期灌冻水；越冬初期用有机肥“盖被”。当发生越冬冻害后，视冻害程度区别对待，对于亩茎数不足 30 万的可以考虑毁种；亩茎数 >30 万的要提早水肥管理，且要一促到底。

（七）春季黄苗、弱苗

分析春季形成黄苗、弱苗的原因，应先从是局部或全田症状来剖析原因。保水保肥力差的沙土地，春季缺水脱肥，很容易造成全田黄苗（图 2–71）。底肥不注意平衡施肥，仅施磷酸二铵，造成氮、钾肥不足（图 2–72），或长期施用不含硫的化肥致使土壤缺硫，也都会造成春季全田黄苗。施用含有有害物质的化肥作底肥，即便未造成秋冬春季十分严重的死苗，也会造成全田黄苗（图 2–73）。晚霜冻害也可造成全田黄苗（图 2–74）。病害导致的黄苗、弱苗通常在田间点片发生，如根腐病、纹枯病及黄矮病等。土壤肥力不均、尤其盐碱地也可造成点片黄苗。整地质量差，秸秆粉碎不好或秸秆过于集中处、旋耕过浅处均易出现黄苗。

出现春季黄苗、弱苗后，可参照冬前黄苗成因、采取对应措施分类管理。对盐碱地反碱造成的黄苗田，返青后及时灌淡水压碱压盐，稀释土壤有害物质；对晚霜冻造成的黄苗、弱苗，及时灌水追肥，促进恢复生长。

图 2–71 沙土地春季黄苗

图 2–72 底肥仅施二铵的黄苗田

图 2-73　劣质肥害田冬后长相

图 2-74　晚霜冻造成黄苗

（八）叶片发白

春季，若远看麦田叶片发白，近看叶片密被黑白点（图 2-75），这通常是麦田发生了较严重的麦蜘蛛为害。白点为麦蜘蛛刺吸留下的斑痕，可连成片，黑点则为麦蜘蛛。

图 2-75 麦蜘蛛为害

河北省主要有麦圆蜘蛛和麦长腿蜘蛛为害，每年 3—4 月是麦蜘蛛为害盛期，之后，随着气温升高，虫口数量会迅速降低。为害严重时可用 1.8% 阿维菌素乳油或 40% 三氯杀螨醇乳油 1 500 倍液喷雾防治。多数菊酯类杀虫剂对螨类害虫防效差。

第三节　中期管理

一、起身期管理

（一）化学除草

起身期是春季化学除草最佳时机。小麦返青后，有少部分越年生、一年生和多年生杂草还可陆续出苗，主要是阔叶草，形成春季出苗高峰，但正常麦田在杂草数量上仍以冬前出苗的占优势。对于冬前没能及时施药的麦田，或除草不彻底、杂草为害仍较重的麦田，均应抓住这一时期进行防除。小麦拔节后，就不宜再用药，否

图 2-76　起身期机械喷施除草剂

则易造成药害。防除对象除前边介绍的播娘蒿、荠菜、猪殃殃、麦瓶草等外，还有苋科、藜科杂草，酸模叶蓼、萹蓄等。可亩用 10% 苯磺隆可湿性粉剂 10 克或 50% 的双氟磺草胺悬浮剂 5~6 克与 20% 的 2 甲 4 氯水剂 150~200 毫升混喷。勿用甲磺隆、绿磺隆及其复配制剂。对于禾本科杂草及野杂麦，为安全起见，建议人工薅除。当禾草较重时，可遵循“草害药害取其轻”的原则进行化学除草，但仅限于亩用 70% 氟唑磺隆水分散剂 3.5~4.0 克或 7.5% 啶磺草胺水分散粒剂 9.3~12.5 克对雀麦、野燕麦、看麦娘等非节节麦禾草进行化除。起身期可机械施药（图 2-76），此时施药机械碾压对产量影响不大。

1. 苋科杂草

主要有反枝苋与凹头苋，均为一年生草本，春季出苗。两者均为掌状叶，凹头苋叶顶端内凹无尖（图 2-77）；反枝苋叶较凹头苋肥大、叶脉下凹较深，苗期部分叶片顶端也内凹、无尖，但后生叶有尖（图 2-78）。

图 2-77　凹头苋

图 2-78　反枝苋

2. 藜科杂草

包括藜（图 2-79）、小藜（图 2-80）、红心藜（图 2-81）、地肤（图 2-82）、猪毛菜（图 2-83）等，均为一年生草本，春季出苗，多植株高大，麦田群体偏小

图 2-79 藜

图 2-80 小藜

图 2-81 红心藜

图 2-82 地肤

图 2-83 猪毛菜

时易大量滋生。

3. 酸模叶蓼

酸模叶蓼为蓼科一年生杂草，麦季不能开花；叶互生有柄，叶片披针形、上无毛、全缘，边缘具粗硬毛，叶面上常具新月形黑褐色斑块（图 2-84）；托叶鞘筒状；花序穗状，顶生或腋生，数个排列成圆锥状；花被浅红或白色。

图 2-84 酸模叶蓼

（二）水肥管理

墒情好、群体足的正常麦田起身初期勿需水肥管理。需开始水肥管理的有如下情况：① 亩茎数不足 60 万的晚播麦田，起身前期（甚至返青末期）开始浇水追肥；② 亩茎数 60 万 ~80 万的麦田，起身中期浇水追肥；③ 亩茎数 80 万 ~100 万的麦田，起身末期追肥浇水。水利条件差、浇水周期长，地力较差，冬春干旱年份适当提前；冬春雨水较多、地力较高地块适当推迟。起身期第一次灌水的，结合灌水亩追尿素 17.5~20 千克。

（三）化控防倒

起身期是化控降秆的最佳时机。对种植株高较高、分蘖力较强品种及生长偏旺、有倒伏危险麦田，可亩用“吨田宝”（30 毫升）等化控剂、对水 15~30 千克叶面喷雾。喷施化控剂时要坚持“宁漏喷不重喷”的原则，防止出现药害。

（四）防治根茎部病害

起身期也是喷药防治根部及茎基部病害的关键时期之一。有纹枯病、全蚀病、根腐病地块可亩用 80% 戊唑醇可湿性粉剂 8~10 克、12.5% 烯唑醇悬浮剂 40 毫升或 25% 丙环唑乳油 40 毫升对水 45 千克，顺垄灌根，隔 7~10 天施一次药，连防 2~3 次。

（五）虫害防治

起身后田间主要害虫有麦叶蜂、麦秆蝇、潜叶蝇成虫及部分幼虫。麦叶蜂以幼虫咬食叶片，造成缺刻（图 2-85）；麦秆蝇幼虫在分蘖节处蛀食幼嫩组织可造成枯心（图 2-86）；潜叶蝇成虫以雌虫为害（图 2-87），用产卵器穿刺叶片，吸食渗出汁液，在叶面留下纵向排列的白点（图 2-88）。上述害虫为害多对产量影响不大，可依据为害情况和虫口密度决定防治与否。防治时可用 2.5% 溴氰菊酯乳油或 20% 氰戊菊酯乳油 4000~6000 倍液喷雾。该期用药，应尽量少用毒死蜱、乙酰甲胺磷等对气温要求较高的农药，以免产生药害。苹毛丽金龟成虫会在起身后期出土（图 2-89），在麦田取食、交尾、产卵，可喷药防治，也可用杀虫灯诱杀。

图 2-85　麦叶蜂幼虫

图 2-86　麦秆蝇幼虫

图 2-87 麦潜叶蝇

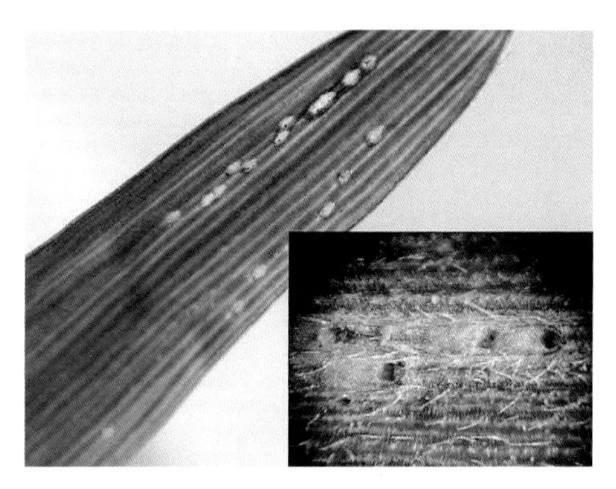

图 2-88 麦潜叶蝇雌成虫为害症状

图 2-89 苹毛丽金龟

二、拔节期管理

（一）水肥管理

壮地壮苗，拔节期进行第一次水肥应用（图 2-90）。① 对于亩茎数 100 万以上的麦田，拔节初期追肥浇水；② 亩茎数 120 万以上的麦田，拔节中期追肥浇水。结合浇水亩追尿素 17.5~20 千克。因旱灾、冻害，冬后因苗情差，返青期追肥浇水的麦田，此期也应再结合浇水，亩施尿素 10~15 千克。多年未施含硫化肥地块，可将尿素改为硫酸铵，亩追硫酸铵 40~50 千克。

图 2-90 拔节初期灌水

正常麦田，追施氮肥折尿素以 20 千克 / 亩为上限，过量施用无益（图 2-91）。

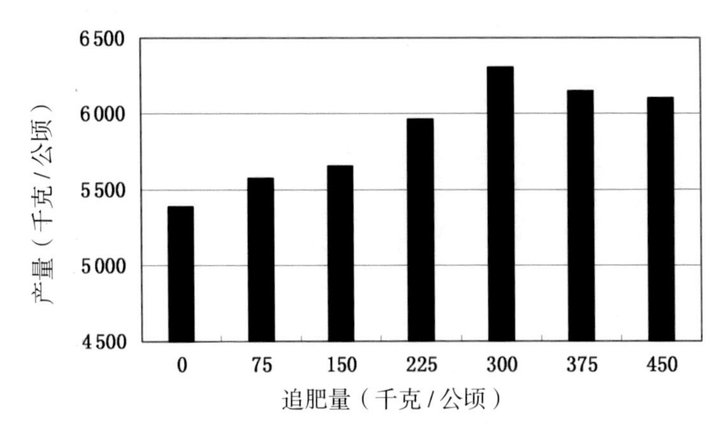

图 2-91 产量与追肥（尿素）量的关系
（河北省农林科学院粮油作物研究所）

（二）病虫害防治

拔节期田间可见的害虫主要有麦叶蜂、麦秆蝇、麦潜叶蝇。麦叶蜂主要在 3 月下旬至 4 月上旬为害，进入拔节后，仍少量见虫，可酌情防治。麦秆蝇为害在 4—5 月间，以拔节末期尤盛，防治时应重点对茎基部施药。河北主要有两种麦潜叶蝇，一是东亚麦潜叶蝇，二是麦叶灰潜叶蝇，当发现麦叶上出现由雌潜叶蝇产卵器刺出的白点较多或幼虫钻蛀的隧道较多时（图 2-92），用内吸性较好的杀虫剂喷治。小麦白粉病的发病中心也始于拔节期，气候适宜时白粉病由发病中心向全田扩散。因此，施药时要杀虫剂与杀菌剂混喷，杀虫剂可用邻甲酰氨基苯甲酰胺类或菊酯类农药，杀菌剂可用三唑类、甲氧基丙烯酸酯类农药。

图 2-92 麦潜叶蝇对叶片为害症状
（董立提供）

三、孕穗至扬花期管理

（一）水肥管理

该期田间持水量应保持在 80% 左右。由于平水年正常麦田灌水 1 次可维持近

1 个月，进入孕穗 – 扬花期，多数年份麦田就需灌来年第二水了。一般麦田不需再追肥，沙质脱肥田，可在浇水前酌情亩施尿素 5~7.5 千克，但应严格控制用量，防止贪青晚熟。该期追肥具有增加粒重、加速灌浆、延长灌浆时间及抵御干热风为害之功效。

（二）病虫害防治

1. 虫害防治

（1）吸浆虫蛹、麦根蝽蟓及耕葵粉蚧防治。孕穗期是防治吸浆虫蛹及麦根蝽象、耕葵粉蚧的最佳时期。吸浆虫越冬幼虫在该期迁至地表大量化蛹（图 2–93 和图 2–94），亩用 48% 毒死蜱乳油 150~200 毫升或 50% 辛硫磷乳油 200~250 毫升对水 2~3 千克，拌细沙或细土 25 千克左右制成毒土，等露水落后均匀撒于麦田，随后浇水。麦根蝽象（图 2–95、图 2–96）与耕葵粉蚧为害地块，可将撒施毒土改为结合浇水全田灌药，亩用 48% 毒死蜱乳油 1~2 千克。麦根蝽象近年来在小麦 – 玉米持续连作田为害呈上升趋势，在其活跃的玉米生长季节对辛硫磷、毒死蜱有很强的抗药性，宜小麦孕穗期防治。

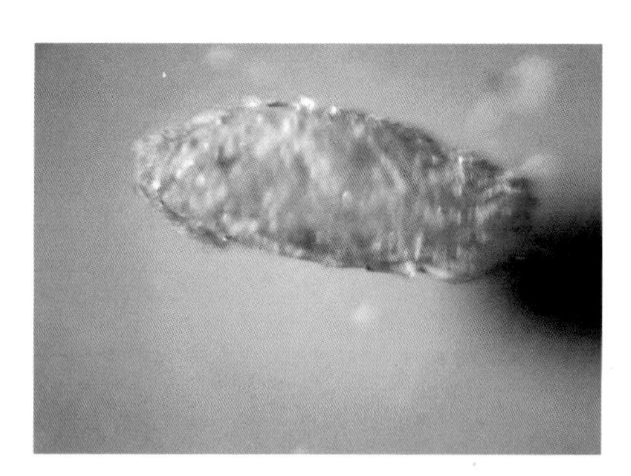

图 2–93　吸浆虫茧蛹

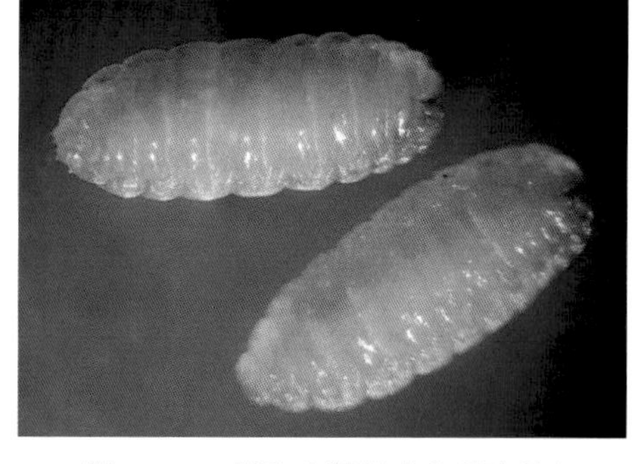

图 2–94　吸浆虫裸蛹（前蛹阶段）

图 2–95　麦根蝽蟓成虫与若虫

图 2–96　麦根蝽蟓对小麦为害状

（2）吸浆虫成虫及蚜虫防治。抽穗后至开花前是吸浆虫集中羽化期（图 2-97），是防治吸浆虫成虫及初始蚜虫的最佳时机。用 2.5% 高效氯氟氰菊酯 20 毫升 / 亩对水 15 千克于上午 7:00—10:00 或午后 3:00—6:00、吸浆虫成虫活动盛期喷雾。

图 2-97　吸浆虫成虫

2. 病害防治

抽穗后至开花期是预防赤霉病、控制白粉病及锈病发病中心的最佳时期。可用咪酰胺有效成分 15~20 克 / 亩、氰烯菌脂有效成分 25~50 克 / 亩或烯唑醇有效成分 20~30 克 / 亩对水喷雾。施药时对水要足，杀虫剂和杀菌剂可混施。

四、小麦中期生长异常原因与对策

（一）除草剂药害

1. 磺酰脲类与嘧啶磺酰胺类阔叶草除草剂药害

该类产品包括苯磺隆、酰嘧磺隆及双氟磺草胺、唑嘧磺草胺等。用量过大时均会造成黄苗或抑制生长。

2. 吡啶杂环类、安息香酸类和苯氧羧酸类阔叶草除草剂药害

该类产品包括氯氟吡氧乙酸、麦草畏、2,4-D 和 2 甲 4 氯等。当用药量大、施药晚、盲目与其他药剂掺混、施药时遇低温或雨水，均会出现叶片蜷曲、皱缩状畸形、抽穗不畅及畸形穗，呈“鹤首状”（图 2-98），生长受抑制、根系畸形、结实不良等症状。上述产品在小麦拔节后不宜再用。

图 2-98　2,4-D 药害（王贵启提供）

3. 唑啉酮类与二苯醚类除草剂药害

二苯醚类乙羧氟草醚低温时施药或施药后遇霜冻，可造成黄叶，乙羧氟草醚及唑啉酮类除草剂唑草酮用量大（如重复喷施处）、施药时温度过高（>30℃）还会在叶片上形成灼烧斑（图 2-99）。

普遍易感纹枯病）；第二，做好杀菌剂种子处理；第三，做好起身期纹枯病喷药防治。

3. 缺铜导致小穗败育

缺铜可导致顶部小穗败育（图 2–142）及叶片叶尖萎缩、弯曲（图 2–143）。出现败育症状的麦穗顶部节片发育基本正常，但小穗不发育。

河北省土壤铜含量普遍较丰富，一般不会出现缺铜症状。当土壤铜含量 <0.21 毫克 / 千克时为缺铜，有此症状麦田施底肥时可每亩加施硫酸铜 1 千克。

图 2–142　缺 Cu 导致小穗败育
（引自网络）

图 2–143　缺铜导致叶尖萎缩弯曲
（引自网络）

4. 冻害

晚霜冻害也可将小穗冻死，使小穗败育（图 2–144），此情况有可能出现在发育进程较早的冀南麦区或晚霜冻来的较迟年份。

图 2–144　晚霜冻致小穗败育（引自王志敏资料）

发生晚霜冻害后，应加强水肥管理及病虫害防治，使小麦尽快恢复生长，力争减少损失。

（三）大范围死苗

1. 全蚀病

全蚀病重发地块，可造成大范围死苗（图 2–145），死苗根系与茎基部黑色。

防止因全蚀病死苗应做好以下几项工作：第一，选种无病种子；第二，做好杀菌剂种子包衣，用硅噻菌胺、苯醚甲环唑、咯菌腈均可；第三，做好起身期喷雾防治。

图 2–145　全蚀病造成死苗（引自杨彦杰资料）

2. 药害

后期防治病虫害，盲目掺混用药、增大药量、施药浓度过高，均有可能造成田间大范围死苗，这种情况下，施药搭茬处、行走较慢处症状会很明显（图 2–146）。

图 2–146　药害导致死苗

防止药害造成大面积死苗，需严格按技术操作要求施药，足量对水，避免盲目掺混用药。

3. 劣质肥害

目前不少肥料都由工业下脚料制成，若追施了含有有害物质的这类肥料，会造成小麦中后期全田出现死苗。

要选用质量、信誉可靠的品牌肥料，避免施用颜色不正常的氯化铵类高氯肥料。小麦追肥，通常用尿素既可。

（四）不灌浆

小麦“顶满仓”后，籽粒大小同正常麦粒，但内无白浆，而是透明清水状；后期植株不落黄（图 2–147）；籽粒脱水后干瘪，基本绝收，近年来时有发生。目前尚未明确原因，但可以肯定是有害物质造成的。

防止出现小麦不灌浆，一定要遵循农药的使用说明施药，严格控制药量。

图 2–147　药害导致的不灌浆麦田

第三章 冀中南山前平原区小麦高产超高产节水节肥栽培技术

冀中南山前平原区水、肥、土、机、电等农业生产条件相对较好，是河北省农业高产区，该区多年来一直引领着全省小麦产量水平的进步，随着耕作制度不断完善提高、小麦品种不断更新换代、栽培技术不断创新进步，在水肥条件相对较好的冀中南山前平原区实现高产超高产，并使实行节水节肥栽培成为现实。

第一节 冀中南山前平原区周年光热资源动态变化特点

为了根据光热资源变化情况，采取相对应的栽培调控措施，以石家庄市为代表，系统分析研究了石家庄市气象台建台以来（1955—2015 年，以下称为常年）的气象资料，明确了以下光热资源变化特点。

一、热量资源动态变化

（一）温度呈逐年上升趋势

常年平均温度为 13.5℃，总体表现为波浪式上升趋势，升温趋势约为 0.0 343℃ / 年（图 3-1）。以 1992 年为转折点，1992 年开始年平均温度均在常年值以上，而 1955—1991 年的 37 年间只有 6 年大于等于常年值。

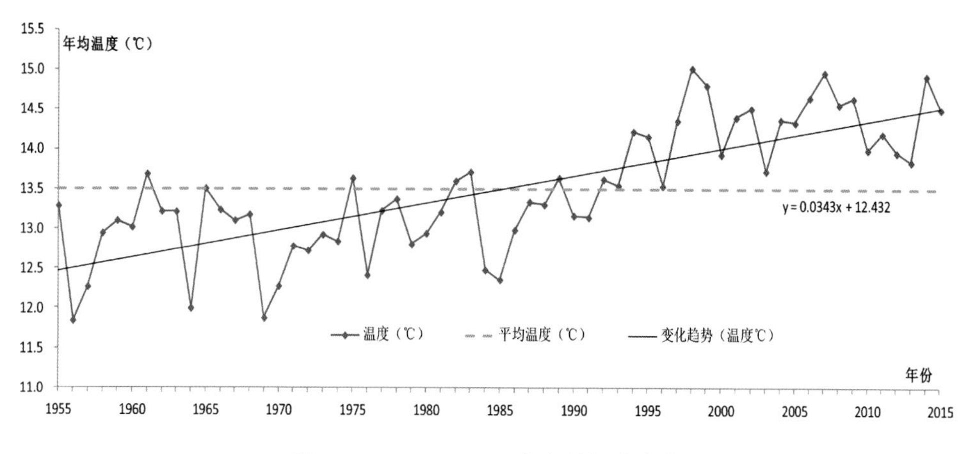

图 3-1　1955—2015 年年均温度变化

（二）各季节增温幅度为春季 > 冬季 > 秋季 > 夏季

根据常年中每 10 年各季平均温度数据（表 3-1）分析，四季平均气温都表现升高趋势，升高趋势顺序是春季 > 冬季 > 秋季 > 夏季，贯穿于秋、冬、春三季的麦季升高幅度均较大，春季最明显，每 10 年平均升高 0.398℃；冬季每 10 年升高 0.342℃，秋季每 10 年平均升高 0.332℃；夏季升高趋势最小，每 10 年平均升高 0.222℃。

表 3-1　1955-2015 年每 10 年各季节均温情况

年度	春季 3—5 月	夏季 6—8 月	秋季 9—11 月	冬季 12—2 月	备注
	每 10 年均值（℃）	每 10 年均值（℃）	每 10 年均值（℃）	每 10 年均值（℃）	
1955—1964	13.87	25.83	12.93	-1.21	2005—2015 年为 11 年均值
1965—1974	14.19	25.75	13.17	-1.70	
1975—1984	14.40	25.69	13.37	-0.99	
1985—1994	14.25	25.94	13.57	-0.19	
1995—2004	15.52	26.56	14.20	0.62	
2005—2015	15.86	26.94	14.59	0.41	

（三）积温呈增加趋势

常年年均≥0℃活动积温为5104.5℃，总体表现为增加趋势，1996年后增加趋势稳定（图3-2）。

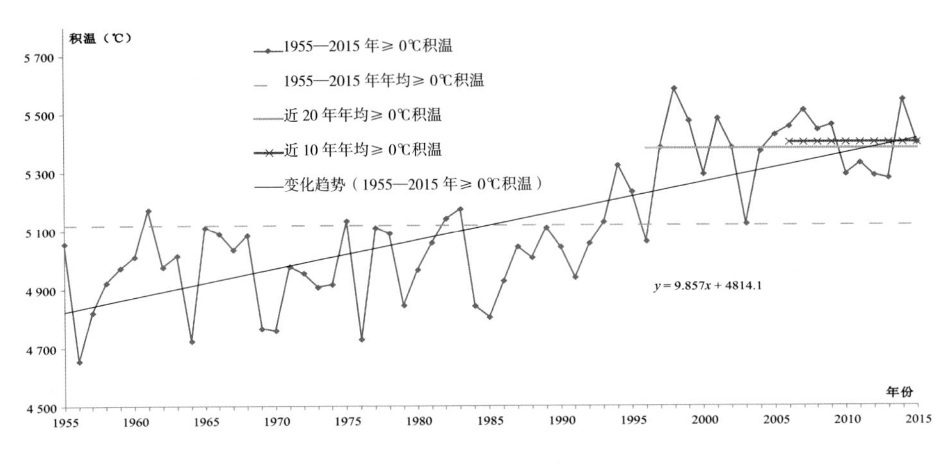

图3-2 1955—2015年≥0℃年积温变化

（四）小麦季积温增加明显

近20年（1996—2015年）来≥0℃积温年均为5381.0℃，比常年值增加261.4℃（图3-2）；近10年（2006—2015年）年均≥0℃积温增加更显著，达5402.0℃，比常年增加282.4℃（图3-2）。增加的积温按季节分配是春季>秋季>冬季>夏季（表3-2），春季增幅最大，近20年、10年分别比常年值增加93.3℃、109.4℃。

表3-2 1996—2015年各季节≥0℃积温均值与常年比较情况（℃）

季节	近20年	比常年当季	近10年	比常年当季
冬季	147.3	35.2	130.7	18.6
春季	1 447.4	93.3	1 463.6	109.4
夏季	2 469.7	64.7	2 477.2	72.2
秋季	1 312.5	65.6	1 322.4	75.5

近20年来，积温主要增加在小麦生长季节，秋季温度偏高小麦播期可适当延后，以防冬前旺长造成冻害；而冬季温度偏高则利于小麦安全越冬，减少死蘖、死苗现象；春季温度偏高有利于小麦早返青、早生长、加速穗分化。

二、光照资源动态变化

（一）年日照时数递减趋势明显，但近 20 年呈波浪式变化

常年年平均日照时数为 2433.6 小时，呈线性递减趋势，年均递减 14.7 小时。自 1988 年后仅 1992 年超过常年均值（图 3-3）。而近 20 年年均日照时数 2142.8 小时，总体呈成波浪式不规则变化。

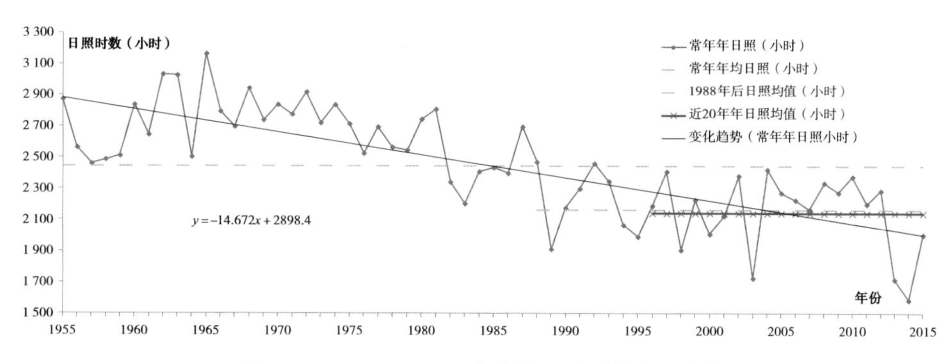

图 3-3　1955—2015 年年均日照时数变化趋势

表 3-3　1955-2015 年各季日照时数统计（小时）

年度	冬季 12—2 月		春季 3—5 月		夏季 6—8 月		秋季 9—11 月	
	年均值	对比常年均值	年均值	对比常年均值	年均值	对比常年均值	年均值	对比常年均值
1955—1964	608.5	+95.1	728.5	+19.8	726.3	+78.9	633.6	+59.6
1965—1974	594.6	+81.2	795.7	+87.0	774.3	+126.9	680.5	+106.5
1975—1984	573.6	+60.2	742.2	+33.5	655.8	+8.4	574.1	+0.1
1985—1994	455.5	−57.9	675.2	−33.5	640.8	−6.6	553.3	−20.7
1995—2004	429.1	−84.4	619.9	−88.8	568.9	−78.5	515.9	−58.1
2005—2015	391.3	−122.1	692.3	−16.4	529.8	−117.6	494.6	−79.4
常年均值	513.4	—	708.7	—	647.4	—	574.0	—

（二）各季节日照时数递减趋势是冬季 > 夏季 > 秋季 > 春季

常年冬季、春季、夏季、秋季日照时数分别为 513.4 小时、708.7 小时、647.4 小时、574.0 小时，按照每 10 年距平均日照时数分析，递减趋势为冬季 > 夏季 > 秋季 > 春季（表 3-3），小麦生长的春、秋季日照时数递减趋势要小于冬、夏季。

日照时数整体减少对小麦生长不利，冬前日照时数减少，影响分蘖质量及有效分蘖数；灌浆期日照时数减少，光合强度降低，影响籽粒灌浆。应对光照时数减少，品种选择上考虑光反应相对迟钝品种，且避免群体过大，防止后期田间通风透光不良。

第二节　冀中南山前平原区高产麦田周年水分供需动态规律

一、降水情况及变化趋势

（一）常年降水情况

常年年均降水量为 531.9 毫米，年纪间变化较大（图 3-4）。其中，冬、春、秋季降水量仅为 189.7 毫米，降水主要集中在夏季，达 343.2 毫米。

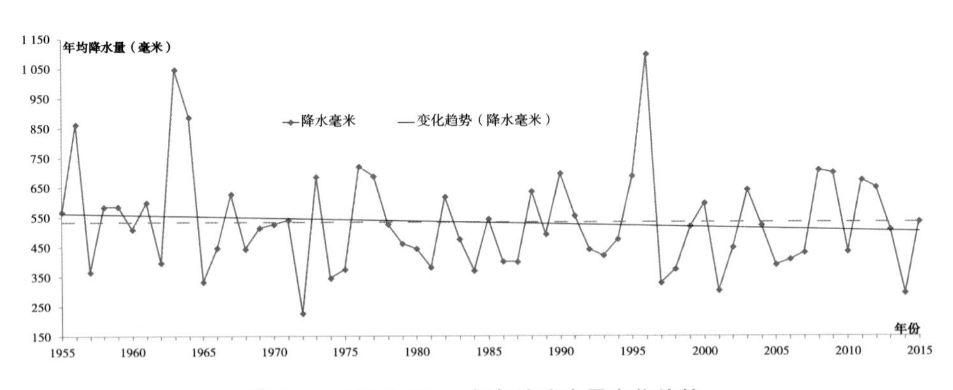

图 3-4　1955-2015 年年均降水量变化趋势

（二）冬、春、夏季呈线性减少趋势，秋季减少趋势呈“U”形线变化

全年降水主要集中在夏季，其后为秋季、春季、冬季。各季节每十年降水变化趋势总体呈冬、春、夏季线性减少趋势，特别是近 10 年夏季降水量减少最多。秋季减少趋势呈“U”形线变化，1975—1984 年降水减少最为明显，近十年降水量比常年增加，秋季降雨增加利于小麦生产（表 3-4）。

表 3-4　1955—2014 年各季节降水情况（毫米）

年度	冬季 12—2 月		春季 3—5 月		夏季 6—8 月		秋季 9—11 月	
	年均值	对比常年均值	年均值	对比常年均值	年均值	对比常年均值	年均值	对比常年均值
1955—1964	13.2	-1.9	91.2	20.0	415.4	71.6	120.9	19.0
1965—1974	13.3	-1.9	44.4	-26.8	301.8	-42.0	108.5	6.6
1975—1984	16.2	1.1	71.6	0.4	336.5	-7.3	81.6	-20.4
1985—1994	17.7	2.6	80.2	9.0	322.2	-21.6	85.5	-16.4
1995—2004	19.8	4.7	71.2	0.0	370.0	26.2	92.2	-9.7
2005—2014	10.6	-4.5	68.7	-2.5	316.8	-27.0	122.6	20.7
平均	15.1	—	71.2	—	343.8	—	101.9	—

二、小麦水分供需特点

（一）小麦的需水特点为“苗期少、中后期多、拔节到扬花是高峰”

小麦因产量水平、土壤、品种、耕作方式等不同，一生需水 260~400 立方米 / 亩，为 400~600 毫米。从播种到越冬，耗水量仅占总耗水量的 10% 左右；越冬到返青占 15% 左右；返青到拔节占 18% 左右；拔节到开花占 37% 左右；抽穗到成熟占 20% 左右；其中，拔节到扬花是需水高峰期，抽穗期为需水临界期（表 3-5）。

表 3-5　冬小麦不同生育阶段需水量与降水量对比

生育阶段	生育期时段	阶段需水量（毫米）	需水量比例（%）	阶段降水量（毫米）	生长期缺水量（毫米）
播种—越冬	10 月上旬至 11 月下旬	49.5	9.9	42.5	-10.2
越冬—返青	11 月下旬至 3 月上旬	73.9	14.8	17.0	-56.9
返青—拔节	3 月上旬至 4 月上旬	92.1	18.4	17.9	-74.2
拔节—抽穗	4 月上旬至 5 月上旬	183.5	36.7	29.4	-155.2
抽穗—成熟	5 月上旬至 6 月上旬	101.0	20.2	42.1	-59.9
全生育期	10 月上旬至 6 月上旬	500.0	100	148.9	-351.1

（二）小麦季水分供需特点为降雨少需水多

冀中南山前平原区降水特点是夏季湿热多雨、秋春干旱少雨，小麦生育期内

（10月至翌年6月上旬）降雨强度小、降水量少，多年平均仅为148.9毫米，是小麦需水量的1/4左右，少的年份不足1/5，70%左右的水分需要人工灌溉或利用土壤水来补充（表3-5）。

（三）全年土壤储水为“秋冬稳、春季亏、夏季盈”

在常规管理条件下2米土体土壤储水为“秋冬稳、春季亏、夏季盈”。据2013—2015年3年研究表明，小麦播种至返青、145天左右的秋冬季节，2米土体总储水量由375.2立方米变为338.8立方米，降幅仅为9.7%，日耗水0.25立方米/亩；小麦返青至收获105天左右的春季，2米土体总储水量由338.8立方米变为289.5立方米，降幅达14.6%，日耗水0.47立方米/亩；玉米播种至收获的夏秋季，2米土体总储水量由289.5立方米变为352.4立方米，增幅为21.7%，日增0.60立方米/亩（表3-6）。

表3-6　小麦、玉米周年轮作2米土体储水量变化（立方米）

年度	小麦				玉米			
	播种前	越冬期	返青期	收获后	播种期	小喇叭口期	大喇叭口期	收获后
2011—2012	374.1	371.1	337.7	275.5	275.5	351.9	365.6	371.1
2012—2013	371.1	354.3	345.7	306.3	306.3	385	388	380.5
2013—2014	380.5	349.2	333.1	274.9	274.9	337.5	350.3	305.5
平均	375.2	358.2	338.8	289.5	289.5	358.1	368.0	352.4

（四）小麦收获后2米土体可利用水分仍达62~98立方米/亩

常规管理情况下，小麦季结束后，2米土体储水量仍可达289.5立方米/亩（表3-6），扣除萎蔫系数（10%）以下不可利用水分，可利用水分仍达62~98立方米/亩（表3-7），说明在常规全生育期灌溉3水140立方米/亩的情况下，仍有进一步节水的空间。

表 3-7　小麦收获前土壤贮水量变化

土层（厘米）	2011—2012 年			2012—2013 年			2013—2014 年		
	含水量（%）	>10% 贮水量（立方米）	小麦收获后储水量（立方米）	含水量（%）	>10% 贮水量（立方米）	小麦收获后储水量（立方米）	含水量（%）	>10% 贮水量（立方米）	小麦收获后储水量（立方米）
0~20	9.6	—	18.1	15.1	9.58	28.3	8.6	—	17.3
20~40	9.5	—	19	12.8	5.59	25.4	9.5	—	20.1
40~60	11.4	2.8	22.8	11.2	2.47	22.3	11.4	2.8	23.7
60~80	12.9	6.03	26.7	13.7	7.8	28.4	11.9	3.95	25.9
80~100	13.1	6.45	27.3	14.7	9.69	30.4	13.3	6.86	29.0
100~150	13.8	20.39	74.1	15.5	29.41	83.0	13.7	19.86	74.7
150~200	16.1	33.14	87.5	16.3	34.06	88.5	15.3	28.8	84.2
合计	—	68.82	275.5	—	98.61	306.3	—	62.27	274.9

（五）小麦全生育期深层墒处于可供状态

在常规管理情况下，无论是旱年还是丰水年，小麦生育期间返青至收获 150 厘米以下的土层含水量均在 15% 以上，还能够供应小麦生育需要，说明促使根系下扎，深层墒还有利用空间（表 3-8）。

表 3-8　小麦全生育期 2 米土体各土层含水量变化

年度＼含水量	土层（厘米）	播种期（%）	越冬期（%）	返青期（%）	收获期（%）	降水量（厘米）
2011—2012	0~20	19.3	21.7	17.4	9.6	111.2
	20~40	17.1	19.7	16.6	9.5	
	40~60	16.6	17.2	16.2	11.4	
	60~80	16.2	17.5	16.1	12.9	
	80~100	16.2	16.5	15.1	13.1	
	100~150	18.2	17	15.5	13.8	
	150~200	19.4	17.4	16.8	16.1	
2012—2013	0~20	20.7	19.5	17.8	15.1	160.5
	20~40	18.8	17.7	16.3	12.8	
	40~60	17.7	15.5	15.2	11.2	
	60~80	17.2	15.8	16	13.7	
	80~100	16.8	14.9	16.3	14.7	

（续表）

含水量 / 年度	土层（厘米）	播种期（%）	越冬期（%）	返青期（%）	收获期（%）	降水量（厘米）
	100~150	17.5	15.3	16.5	15.5	
	150~200	17.4	15.7	17.2	16.3	
2013—2014	0~20	21.3	18.1	17.4	8.6	68.3
	20~40	18.7	16.4	16.6	9.5	
	40~60	17.6	14.3	16.2	11.4	
	60~80	17	14.6	16.1	11.9	
	80~100	16.7	13.8	15.1	13.3	
	100~150	17.4	14.2	15.5	13.7	
	150~200	19.1	14.5	16.8	15.3	
平均	0~20	20.4	19.8	17.5	11.1	113.3
	20~40	18.2	18	16.5	10.6	
	40~60	17.3	15.7	15.9	11.7	
	60~80	16.8	15.9	16.1	12.8	
	80~100	16.6	15	15.5	13.7	
	100~150	17.7	15.5	15.8	14.3	
	150~200	18.6	15.9	16.9	15.9	

（六）高产小麦（550千克/亩水平）全生育期需水310立方米/亩

在当前小麦产量水平和管理水平下，通过对2011—2015年四个小麦生产年份全生育期2米土体水资源消耗情况进行定点调查测定显示，平水年（2011—2013年）小麦全生育期灌水140立方米/亩，平均降水90.6立方米/亩，土壤水消耗81.7立方米/亩，小麦生育期2米土体耗水312.3立方米/亩；枯水年（2013—2014年）小麦全生育期灌水180立方米/亩，降水45.5立方米/亩，土壤水消耗105.6立方米/亩，小麦生育期2米土体耗水331.1立方米/亩；丰水年限水灌溉情况下，全生育期灌水63立方米/亩，降水115立方米/亩，土壤水消耗122.3立方米/亩，小麦全生育期耗水300.3立方米/亩（收获后0~100厘米土壤含水量低于10%，产量提升受抑。表3-9）。

综上，冀中南小麦全生育期耗水300~330立方米/亩，土壤水消耗100~120立方米/亩，按照冀中南小麦季常年降水100立方米左右计算，在当前小麦产量水平下，小麦灌水量应控制在80~130立方米/亩。

表 3-9　2011—2015 年小麦全生育期水资源消耗情况

年度＼消耗情况	灌水量（立方米）	降水量（立方米）	土壤水消耗（立方米）	全生育期耗水量（立方米）	产量（千克 / 亩）
2011—2012	140	74.1	98.6	312.7	558.2
2012—2013	140	107	64.8*	311.8	542.3
2013—2014	180	45.5	105.6	331.1	591.5
2014—2015*	63	115	122.3	300.3	536.6

* 注：2013 年 6 月 9 日降水 72.2 毫米，属小麦逼熟雨，小麦收获后测定土壤含水量，增加土壤贮水量，减少了小麦季耗水。理论上本季小麦降水为 58.6 立方米，土壤水消耗应为 64.8+48.1=112.9 立方米。

* 注：2014—2015 年数据为小麦“一水千斤”耗水数据，至小麦收获时，0~100 厘米土壤含水量低于 10%，表明对小麦产量提升产生限制性影响，63 立方米 / 亩灌水量明显不足。

第三节　冀中南山前平原区高产麦田周年氮磷钾养分立体动态变化规律

经过在冀中南山前平原高产麦区赵县、藁城 20 块代表性麦田 3 年取样观测，明确了氮磷钾养分立体动态变化规律。观测地耕层土壤平均含有机质 21.5 克 / 公斤、全氮 1.18 克 / 千克、有效磷 24.5 毫克 / 千克、速效钾 112 毫克 / 千克。常年麦季施氮 18 千克 / 亩、五氧化二磷 9 千克 / 亩、氧化钾 5 千克 / 亩；玉米季施氮 18 千克 / 亩、五氧化二磷 9 千克 / 亩、氧化钾 5 千克 / 亩。

一、碱解氮周年变化规律

（一）碱解氮周年呈“M”形变化趋势

小麦 - 玉米轮作季 2 米土体碱解氮含量在小麦 - 玉米轮作期呈“M”形变化趋势（图 3-5）。从小麦播种至小麦拔节期，土壤碱解氮含量升高，然后下降至小麦收获；从玉米播种至玉米抽雄期土壤碱解氮含量又上升，然后下降至玉米收获。峰值分别出现在小麦拔节期和玉米抽雄期，碱解氮含量最低值出现在玉米播前，这与轮作季氮肥施用和作物吸收呈显著相关性。

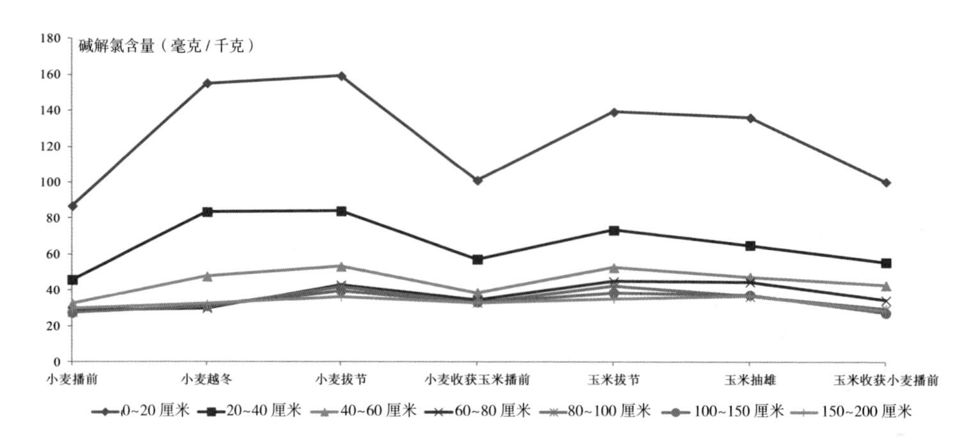

图 3-5　2 米土体碱解氮含量周年变化

（二）碱解氮周年变化幅度因土层加深而减小

0~20 厘米土层碱解氮周年变化幅度最大，20~40 厘米次之，40~60 厘米再次之，以此类推到 100 厘米以下基本趋于稳定（图 3-5）。土壤碱解氮含量一是受施肥作用影响较大，施肥后耕层碱解氮迅速增加；二是受温度、水分影响较大，高温多雨季节深层碱解氮增幅较大。

水是碱解氮向下迁移的载体，施肥和灌溉（降水）共同影响土壤碱解氮的迁移和累积，水肥管理期后土壤碱解氮增加；碱解氮纵向移动性较强，土壤碱解氮随土层深度增加而降低（图 3-6）。

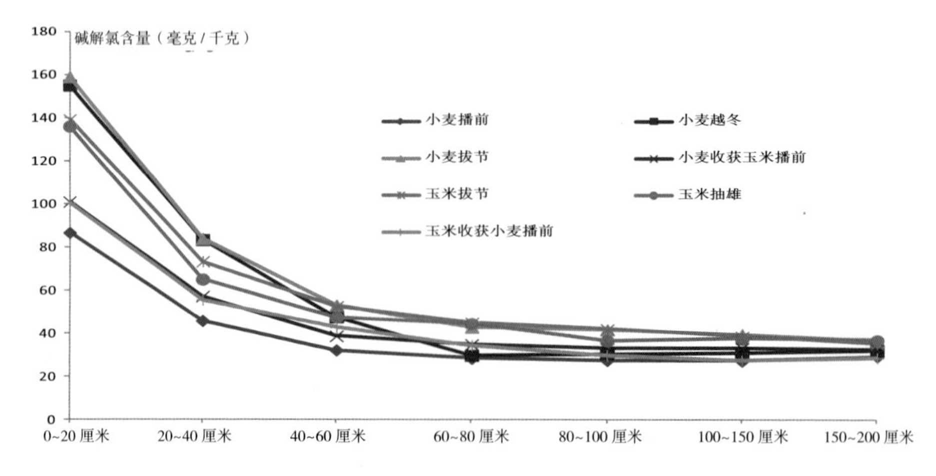

图 3-6　小麦－玉米轮作碱解氮含量 2 米土体垂直变化

（三）小麦－玉米周年碱解氮呈盈余状态

小麦拔节期 2 米土体碱解氮累积盈余量最高，较小麦播前盈余 40.1 千克 / 亩；玉米抽雄期次之，为 33.6 千克 / 亩。碱解氮周年循环呈盈余状态，小麦收获后 2 米土体碱解氮盈余 12.5 千克 / 亩，至玉米收获后碱解氮周年盈余 8.1 千克 / 亩，小麦季碱解氮盈余高于玉米季，这与肥料投入、玉米需氮多和生长期高温多雨造成氮素损失有很大关系。小麦－玉米周年氮素盈余说明当前施肥习惯已造成土壤氮素累积，使得土壤碱解氮含量呈逐年增加趋势（表 3–10）。说明高产农田不能再以通过增施氮肥来提高产量。

表 3–10　连续 3 年土壤氮素养分测定情况

含量＼时间	1982 年	1990 年	2012 年
碱解氮含量（毫克 / 千克）	53.75	69.7	103.9
年递增（毫克 / 千克）		+1.99	+1.55
全氮含量（克 / 千克）	0.685	0.985	1.145
年递增（克 / 千克）		+0.0375	+0.007

二、有效磷循环变化规律

（一）有效磷周年循环仍呈“M”形变化趋势

小麦－玉米轮作季 2 米土体中有效磷含量变化与碱解氮相似，总体呈“M”形变化趋势。峰值出现在小麦越冬前和玉米拔节期，较碱解氮峰值前移，前峰值较后峰值显著偏高，这与小麦重施磷肥，而玉米重施氮、钾肥，磷肥投入少有关。0~20 厘米土层有效磷两峰明显，60 厘米以下土层峰值变化不明显（图 3–7），与磷肥施用和土壤磷移动性差有直接关系。

（二）有效磷周年变化幅度因土层加深而明显减小

随着土层的加深，周年有效磷含量变化幅度逐步减小，0~20 厘米有效磷变幅最大，20~40 厘米变幅缩小，60 厘米以下变化幅度趋平，峰值变化不明显。变化幅度上麦季大于玉米季（图 3–7），与小麦生育季磷素需求、供给较多有关。

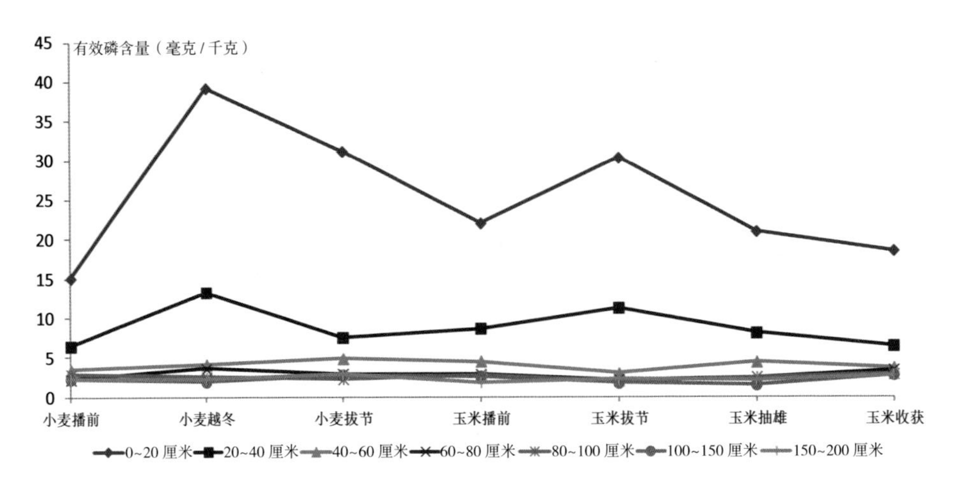

图 3-7　小麦 – 玉米轮作 2 米土体有效磷含量周年变化

有有效磷纵向移动性差，20~40 厘米相对量是 0~20 厘米的 30~50%；到 150~200 厘米相对量只有 0~20 厘米的 10~20%，远低于同一土层碱解氮的相对量。(图 3-7 和图 3-8)。

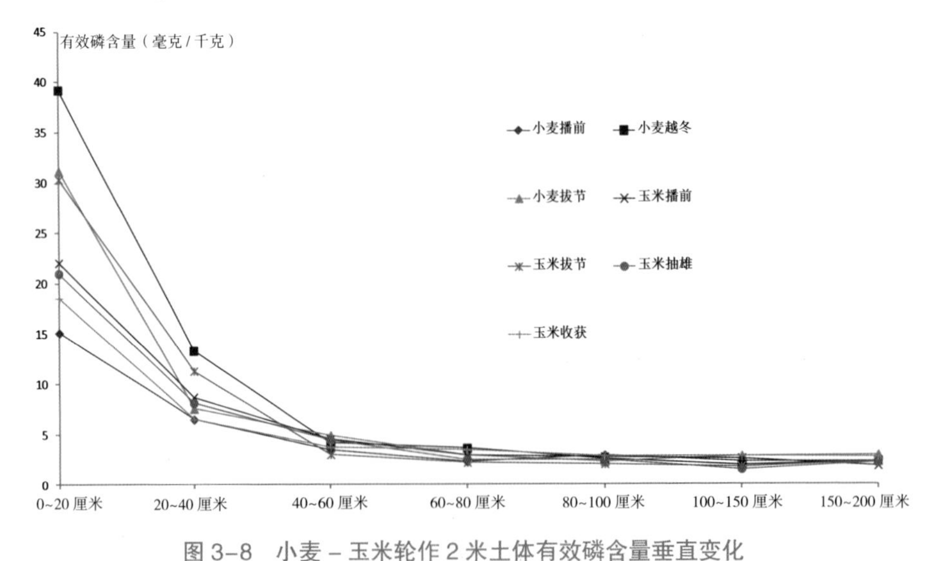

图 3-8　小麦 – 玉米轮作 2 米土体有效磷含量垂直变化

(三) 有效磷周年呈盈余状态

0~40 厘米土层有效磷周年盈亏状态因小麦、玉米施肥呈明显的“M”型变化。

小麦播种前，2 米土体有效磷（P）含量 6.2 公斤 / 亩，越冬前含量达到最高峰值（图 3-7），返青后随着生育进程加快，磷吸收强度与吸收总量的提高，土壤有效磷含量呈下降趋势，但至小麦收获期仍可盈余 2.0 公斤 / 亩；玉米季拔节期含量最高，之后开始下降，抽雄期含量基本与玉米播前相当，至玉米收获，2 米土体有效磷盈余 1.4 公斤 / 亩。

有效磷移动性差非常明显，到 60 厘米以下已基本无峰值变化，说明有效磷移动只能到 60 厘米，远远不及碱解氮；20 厘米以下有效磷锐减，40~60 厘米有效磷大部分季节只有 5 毫克 / 千克左右。通过分析有效磷周年盈亏表明土壤磷长期处于盈余状态，2011 年石家庄市土壤养分调查，平均有效磷（P）含量为 24.5 毫克 / 千克（折五氧化二磷 56.1 毫克 / 千克），与第二次土壤普查速效磷（五氧化二磷）8.5 毫克 / 千克相比，含量是第二次土壤普查的 6.6 倍。

研究表明，土壤有效磷临界值上限小麦平均为 16.3 毫克 / 公斤，玉米 15.3 毫克 / 公斤，低于该值时，作物产量随土壤有效磷含量增加而显著提高，这时应采取增加策略，以期达到迅速提高土壤磷肥力的作用。但是，当土壤有效磷高于临界值时，作物产量对施磷肥几乎没有反应，表明此时磷素不是限制作物产量增长的主要影响因子，进一步施磷肥是不合理的，此时应采取控施策略，不应再施磷肥，以降低磷对环境的污染。在土壤有效磷含量等于临界值时，采取维持策略，施磷量等于作物带走量来维持土壤肥力。

三、速效钾循环变化规律

（一）速效钾周年循环仍呈“M”形变化规律，但后峰值高于前峰值

速效钾周年循环也呈“M”型变化规律，两个峰值分别出现在小麦越冬前和玉米拔节期至抽雄期，但与速效氮和有效磷不同的是，后峰值高于前峰值（图 3-9），说明除受施肥作用影响外，还受土壤母质和温度的双重作用影响，温度对土壤母质钾素转化为速效钾的影响效果远远大于氮、磷。

（二）速效钾周年变化幅度因土层加深而减小

小麦 – 玉米轮作 2 米土体速效钾周年变化趋势类同碱解氮，不同于有效磷（图 3-9），即 2 米土体均有变化，与土壤速效钾移动受温、水影响较大有关。小麦 – 玉米轮作 2 米土体速效钾含量的纵向变异较小，40~60 厘米速效钾含量仍高达 100 毫克 / 千克，即使到 150~200 厘米，速效钾仍含有 60~70 毫克 / 千克。2 米土体速效钾含量在各土层间差异较有效磷要小很多，与土壤母质和施入土壤中的钾移动性较

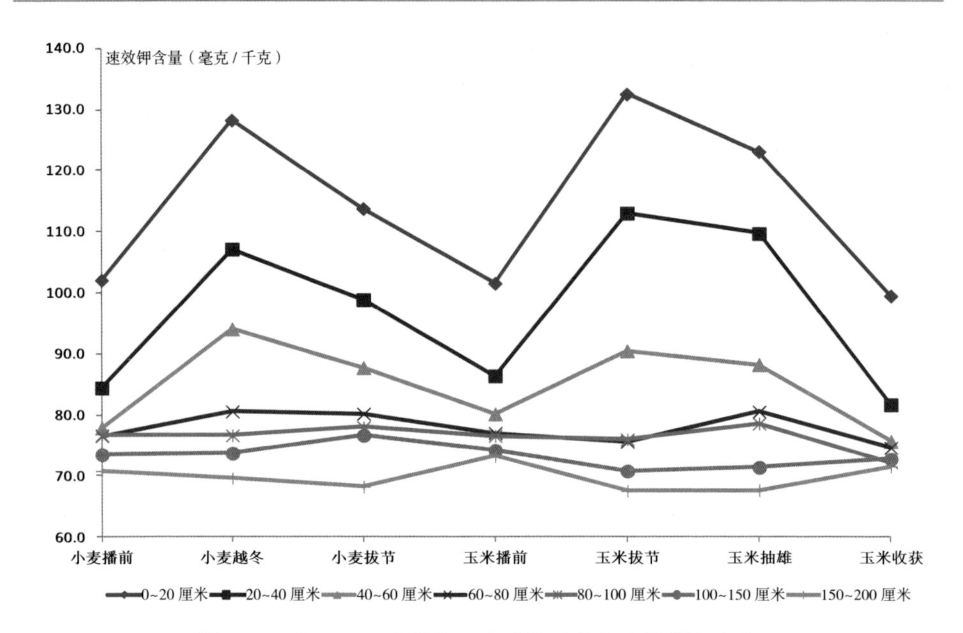

图 3-9　小麦 - 玉米轮作 2 米土体速效钾含量周年变化

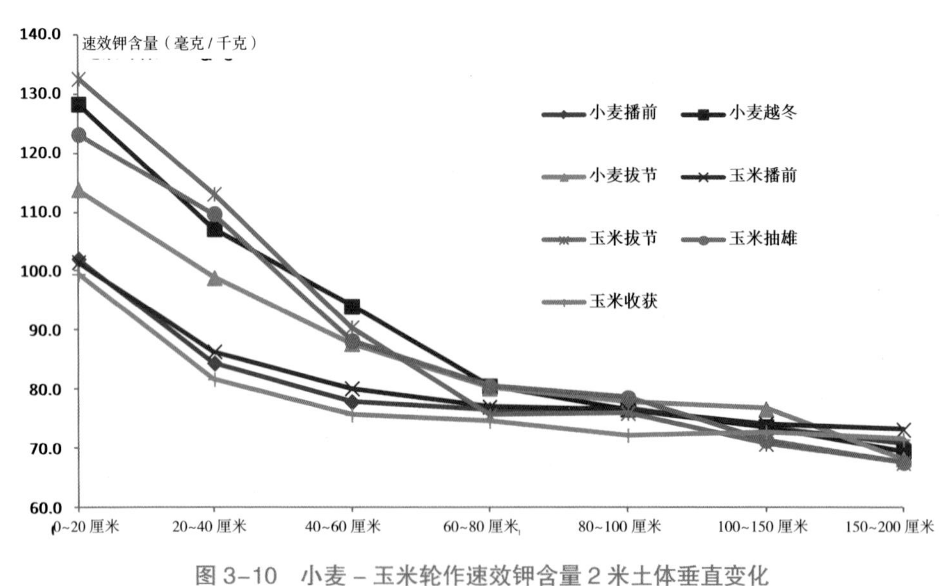

图 3-10　小麦 - 玉米轮作速效钾含量 2 米土体垂直变化

大有关（图 3-10）。氮、磷、钾 2 米土体纵向变异规律呈现磷 > 氮 > 钾。

（三）小麦 - 玉米周年速效钾循环呈亏缺状态

土壤速效钾全年处于亏缺状态，小麦季钾肥以底肥一次性施入，至小麦拔节前 2 米土体盈余最高，为 8.3 千克 / 亩，小麦收获后 2 米土体速效钾盈余 1.7 千克 / 亩，盈余量60%集中于100厘米以下土层，与100厘米以下土层根系分布少、吸收量小和钾素下移受水、温影响大有关。玉米季钾肥多做种、苗肥施入，玉米拔节期土壤钾素盈余最多，为10.8千克/亩，至玉米收获后土壤2米土体速效钾亏缺2.7千克/亩，亏缺集中于0~100厘米土层。综合分析连续3年的情况，速效钾并没有持续降低，说明土壤速效钾亏损是阶段性供应不足所致，随着小麦秋播后，小麦吸收的量相对较小，而土体转化的相对较多，速效钾能及时恢复补充。但高产超高产农田要想获得理想产量，应及时补充钾肥，以防止阶段性供应不足。

第四节　冀中南山前平原区小麦高产超高产节水节肥栽培技术

一、冀中南山前平原区小麦高产超高产的产量结构

河北是我国纬度最北的冬小麦主产省份，光热资源相对不足，小麦实现高产超高产的技术路线应坚持主茎成穗和分蘖成穗并重，以先保证足穗再坚持争粒和保粒重的路子来实现，根据冀南、冀中多地块高产超高产麦田的调查，其产量结构见表3-11。

表3-11　冀中南小麦不同产量水平的产量结构

区域	产量水平（千克/亩）	亩穗数（万穗）	穗粒数	千粒重（克）	亩产（千克）
冀南	>600	54.76 ± 4.77	31.6 ± 1.92	42.43 ± 3.21	622.94 ± 10.25
	550~600	52.13 ± 3.67	31.85 ± 1.54	40.89 ± 2.86	574.39 ± 13.69
	500~550	47.83 ± 2.32	30.87 ± 1.74	41.9 ± 3.34	522.17 ± 11.13
冀中	>600	52.63 ± 3.20	32.67 ± 2.30	43.63 ± 1.82	615.8 ± 21.40
	550~600	49.9 ± 3.88	32.33 ± 2.19	42.43 ± 1.42	570.67 ± 15.10
	500~550	46.5 ± 2.61	32.58 ± 2.07	41.38 ± 1.73	533.83 ± 9.60

由表3-11可知，高产麦田要求亩穗数为47万~52万株、穗粒数为31~32粒、千粒重为41~42克；超高产麦田要求亩穗数为53~55万株、穗粒数为31.5~32.5粒、千粒重为42.5~43.5克。

二、冀中南山前平原区小麦高产超高产的主要管理原则

（一）在选择品种上以“熟期适中、多穗多粒、且灌浆速度中前期快、粒重潜力大”为原则

应选用熟期适中、生育期为 240 天左右的品种。品种分蘖成穗率较高，能满足亩穗数 >50 万的要求；穗粒数较高且稳定，不易受亩穗数影响，亩穗数较多时能达到 32~34 粒，亩穗数中等时能达到 34~36 粒；粒重潜力较大，灌浆速度中前期较快。并且还需符合以下三方面要求：

一是年度间稳产性。多数情况下，早熟品种可规避干热风、逼熟雨影响，年度间稳产性较强；但熟期早的普遍产量潜力不足，实现高产难度较大。晚熟品种一般产量潜力较大，实现高产的可能性也较大，但易受干热风、逼熟雨影响，年度间稳产性较差。而选择熟期适中、灌浆高峰在灌浆中、前期（灌浆速度快）的品种，是兼顾稳产性与丰产性的最佳途径。在生产上即便选择晚熟 1~2 天、但只要灌浆速度快、在 5 月底前粒重能基本接近理想的品种，也能实现高产稳产。

二是区域间适应性。不宜选择对水、肥、地力、管理措施等反应较敏感的品种，要选择适应性强、对水肥敏感性低、管理适应大众化的品种。一般春性略强的品种适应范围广、丰产性强。小麦品种的春性与抗冻性呈负相关，但春性强的不一定抗冻性差，抗冻性差的往往春性强。所以，要尽量选择春性和抗冻性都较强的品种比较合理。

三是综合抗逆性。年度内小麦品种稳产性主要体现在抗逆性上，包括抗病、抗虫、抗倒、抗冻等。其他性状再好，如果发生严重倒伏、冻害绝收、病害严重减产等情况，都不会被农民所认可。所以，选用品种综合抗性不能有致命缺陷。

在品种株型叶型选择上，矮秆品种抗倒能力较高，但生物产量潜力不足；株高较高品种虽丰产潜力大，并且多耐旱，但抗倒性普遍较差；一般认为株高 75 厘米左右为宜。叶型倒纺锤形、旗叶窄短厚且上举、中下部相对平展宽大、株型较紧凑为佳，如此品种适宜密植。

（二）在肥料运筹上坚持“控氮、减磷、补钾”的原则

经藁城、赵县连续三年 20 块麦田 2 米土体养分动态测定，在冀南区域亩施纯氮 16~18 公斤、冀中地区亩施纯氮 17~18 公斤，全部亩施五氧化二磷 9.5~10 公斤、氧化钾 3.5~5.5 公斤情况下，麦季结束，碱解氮亩盈余约 12.5 公斤，玉米收获后仍盈余 8.1 公斤 / 亩左右，说明氮肥投入过多，已经造成浪费；麦季结束有效

磷（P）亩盈余约 2.0 公斤，玉米收获后仍盈余 1.4 公斤 / 亩左右，大体相当于周年磷肥总投入量的 1/3；小麦收获后速效钾亩盈余约 1.7 公斤，玉米收获后则亩亏缺 2.7 公斤，表明全年供钾存在阶段性不足。

从各地测土配方施肥土壤化验数据来看，碱解氮呈逐年上升趋势，有效磷呈大幅度上升趋势，速效钾呈稳定趋势。因此，在施肥原则上应坚持“控氮、减磷、补钾”。

（三）在水分运筹上坚持“底足、前控、中促、后保”的原则

高产超高产麦田可实现节水和高产的统一，但要抓好几个关键水分运筹环节。

一是要确保足墒播种（底足）。造墒播种，或播前有较大降水过程的趁墒播种，既可以保证小麦出苗齐、全、匀，又可以避免抢墒播种后浇蒙头水造成土壤板结、蒸发量加大等问题，是实现节水栽培的基础。

二是要实行旱胁迫管理（前控）。在小麦苗期要尽可能避免浇水，促使根系下扎，培育发达的根系，因此，小麦播种后一直到小麦返青起身，一般不进行灌水，这是实现节小麦节水栽培的关键。

三是要做好中期促控管理（中促）。小麦起身拔节期是高产超高产麦田进行促控管理的关键时期，也是小麦进入需水高峰的始期，应保证水分供应，一般根据苗情、墒情和降水情况，在起身拔节期灌溉春一水。

四是要保证后期水分供应（后保）。小麦抽穗扬花期是需水临界期，同时也是进入灌浆的始期，水分供应不足，对产量影响较大，因此，应保证后期需水，一般在孕穗杨花期灌溉春二水。

（四）在综合措施应用上坚持“七分种、三分管、环环相扣、系统管理”的原则

高产超高产麦田要遵循“七分种、三分管”的原则，落实播种环节各项技术措施的应用。同时，也不放松中后期管理，做到“环环相扣、系统管理”。播种环节是确保出苗质量、培育冬前壮苗和防控系统性侵染病害及地下害虫等的关键时期。首先，充足的底墒、还田秸秆细碎、高的整地与播种质量是保证麦苗齐、全、匀的基础；其次，科学施肥、适期播种、合理播量是培育冬前大小适中群体及壮苗的关键，也是关系冬后苗情、分蘖成穗多寡及能否实现节水栽培的关键；第三，做好杀虫、杀菌剂种子和土壤处理，是降低地下害虫与土传、种传病害为害的最佳时机，药剂防治散黑穗、腥黑穗等系统性侵染病害和侵染根部、茎基部的病害只有种子处理才最高效。

（五）在后期病虫防治上坚持“以防为主、防治结合”的原则

从多年生产实践来看，丰收与否、高产与否的关键在小麦千粒重的高低，影响小麦千粒重的因素除了人为难以抗拒的干热风、逼熟雨外，主要是后期病虫防治的好坏，高产超高产麦田在后期病虫防治上要坚持以防为主的指导思想，当小麦白粉病、麦蚜等主要病虫害出现发生中心时及时防治，同时喷施磷酸二氢钾防治干热风，延长小麦叶片功能期，争取较高的千粒重。

三、冀中南山前平原区小麦高产超高产节水节肥栽培的主要措施

（一）选用优种

选用优种是实现小麦高产的基础，要选用符合国家标准，适合当地种植的综合抗性强、适应性广的高产、稳产、优质、中早熟品种，冀中南麦区以济麦 22、石新 828、良星 99、邯 6172、衡观 35、农大 399、石麦 19、石麦 18、石农 086、婴泊 700、良星 66、石新 633 和河农 6049 等为主。

（二）增施底肥

适当增施底肥有利于培育冬前壮苗、争取春季管理主动。一般掌握磷、钾全部底施，氮素占全生育期总施氮量的 50~60%。一般亩底施纯氮 7~8 千克，五氧化二磷 7~8 千克，缺钾麦田施氧化钾 5~7 千克，提倡增施有机肥。

（三）精细整地

精细整地是保证苗齐、苗全、苗匀的主要措施，一定要把秸秆粉碎精细，旋耕深度要尽可能达到 15 厘米以上，旋耕 2 次。整地时要根据墒情掌握好时间，达到土地平整、上虚下实、无明暗坷垃的要求。要隔 2~3 年进行一次深松，深松深度要达到 25 厘米以上。

（四）适期播种

适时播种是争取冬前合理群体、培养冬前壮苗的基础。南部麦区播期应掌握在 10 月 8—18 日；中部麦区掌握在 10 月 5—12 日。

（五）适量播种

在适宜播期范围内冀中南掌握亩基本苗 22 万 ~25 万株，整地质量高、种子发芽出苗率高的亩播量掌握在 11~13 千克，整地质量稍差、种子发芽出苗率稍差的可适当增加播量。要贯彻播期播量相配套技术，每晚播一天增加播量 0.5 千克。

（六）精细播种

播种深度要合理，不能过深也不能过浅，一般播深掌握在 3~5 厘米；播种机

不能行走太快，要匀速慢走，速度不超过 5 千米 / 小时；提高播种质量，以保证下种深浅一致、行距一致，不重播、不漏播，减少缺苗断垄和“撮子苗”，实现苗全、苗匀。

（七）足墒播种

足墒播种是确保小麦苗全的关键措施之一。小麦播种时要掌握表墒适宜，耕层土壤含水量在 18%以上。如玉米成熟后期无大的降雨过程，提倡玉米带棵洇地，给小麦整地、播种争取时间。

（八）等行全密

等行全密种植形式可以充分利用土壤、空间、光照、施肥，实现提高分蘖成穗的作用。一般采取不大于 15 厘米的等行距种植形式。

（九）药剂拌种（或包衣）

拌种可以减轻病虫为害，实现苗全苗壮。根据当地主要病虫发生情况，选用对路的杀虫剂、杀菌剂混配拌种或包衣。

（十）播后镇压

播后镇压可以有效地碾碎坷垃，踏实土壤，增强种子与土壤的接触度，提高出苗率，既抗旱又抗寒，减轻旱害和冻害的影响。要采取在播种后出苗前土壤表层墒情适宜时，采用专用镇压器进行镇压作业。

（十一）杂草秋治

在秋季小麦三叶期选用氟唑磺隆或甲基碘磺隆钠盐·甲基二磺隆防治禾本科杂草。

（十二）酌浇封冻水

冀中南壤土地一般不浇封冻水，秋季干旱少雨、整地质量差、播后未镇压的麦田应酌情浇好封冻水。

（十三）春季化除

在小麦起身至拔节前用苯磺隆或氯氟吡氧乙酸等防治阔叶杂草。根腐病、茎枯病、叶枯病、纹枯病等发病严重的麦田结合化学除草选用烯唑醇或戊唑醇进行防治。

（十四）春季浇水

正常年份在小麦起身末拔节初进行春季第一次浇水，群体大、地力高的可推迟到拔节期；孕穗扬花期进行春季第二次浇水，旱年可在小麦扬花后 10~15 天进行第三次浇水。

（十五）春季追肥

结合春季第一水追施纯氮 7~8 千克 / 亩。春季采取两次追肥的第一次浇水追施 80% 左右，第二次浇水追施 20% 左右。

（十六）病虫防治

孕穗期吸浆虫单个样方有虫 2 头以上时，毒死蜱拌毒土防治；扬花前用高效氯氟氰聚酯 + 多菌灵喷雾防治吸浆虫成虫、预防赤霉病；灌浆初期用吡虫啉 + 三唑酮 + 磷酸二氢钾防治蚜虫、白粉病，根据病虫发生情况可在灌浆中后期再进行一次“一喷三防”。

（十七）适时收获

适时收获是确保丰产丰收的重要环节，要掌握在完熟期及时收获。

第四章
黑龙港冬小麦节水高产栽培技术

黑龙港流域位于河北省东部低洼平原区，包括衡水市、沧州市全部和邯郸市、邢台市、保定市东部及廊坊市中南部50多个县（市），面积3.43万平方千米。该区灌溉水资源紧缺，水资源量仅为全省水资源量的20.4%，亩均114立方米、不足全国平均水平的1/16，土壤肥力较差，是河北传统的小麦中低产区。在该区推广小麦节水高产栽培技术，对于促进当地小麦产量提升有重要意义。

第一节　黑龙港区水资源概况

一、自然降水概况

黑龙港区亩产500千克冬小麦总耗水量在420毫米上下（约合280立方米），但小麦生长季多年平均降水量不足110毫米，自然降水只能满足小麦需水量的1/4，小麦全生育期降水与需水的吻合度仅为0.26，其余3/4的耗水需要通过灌溉。在该区无灌溉条件的农田上，小麦产量很低（图4-1）。

该区水面年蒸发量达1100~1800毫米，最高可达2000毫米；麦田蒸散量约430毫米。自然降水常不及蒸发量的1/10、蒸散量的1/4。在麦季，每年12月至翌年春天及 6 月上旬降水稀少（图 4-2），10 月及翌年 4—5 月降水略多。全年降水主要集中在夏季。

图 4-1　旱年雨养麦田长相

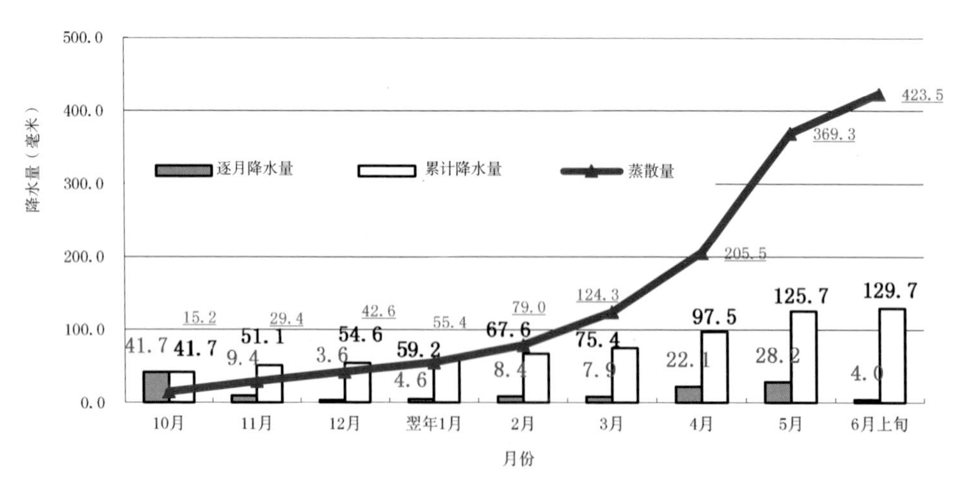

图 4-2　麦季逐月降水量与蒸散量对比（衡水市）

二、地表水概况

黑龙港区是古黄河、古漳河、古滹沱河、阳河冲积与洪积区，河流属海河水系，区内有滹沱河、潘阳河、滏阳新河、子牙河、子牙新河、卫运河等多条河流，降水为河流中水的主要补给源。历史上该区地表水丰富，华北第二大淡水湖衡水湖就位于其中，但近50年来，随着降水量的减少，这些河流、特别是支流已基本变成了“是河皆干、有水则污”的季节性河流，只在丰水年的雨季才会有径流。地表水远不足以支撑农业灌溉用水。

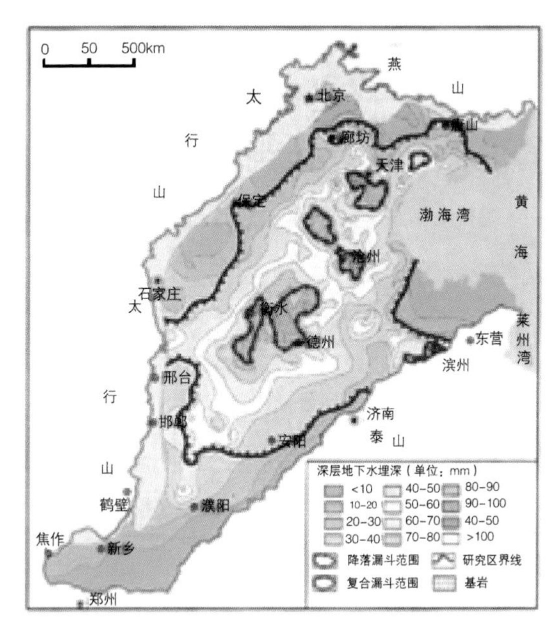

图 4-3　环渤海地下水复合大漏斗区域

三、地下水概况

黑龙港区处于全国地下水最大的漏斗区—华北平原环渤海复合大漏斗腹地（图 4-3），地下淡水极度匮乏、超采严重，且埋深深，不少在百米以上，有的甚至超过 300 米，井灌单次灌溉成本超 60 元 / 亩的相当普遍，灌溉成本占到了小麦生产物化成本的近 1/3，使得种麦效益大打折扣。该区地下水的另一特点是矿化度高，大于 2 克 / 升的咸水几乎遍布全境，沿海地区含盐量高达 10 克 / 升，不能直接用于灌溉；咸水普遍埋深浅，水体顶界埋深从几米到 70 米，使得该区土壤多盐渍化。

黑龙港区 80% 以上麦田有灌溉设施，另有旱地小麦约 300 万亩。尽管该区地下淡水资源匮乏、超采严重且埋深深，但灌溉农田仍以井灌为主。

第二节　黑龙港冬小麦高产节水途径

一、生物节水

小麦品种间节水抗旱性有很大差异。为了充分发挥小麦品种在节水抗旱中的作用，2014 年河北省小麦品种审定委员会在小麦区试中专门设立了黑龙港流域节水组，对抗旱节水小麦进行审定，同时对小麦品种抗旱指数进行鉴定。已审定通过了捷麦 19、衡杂 102、中信麦 9 号等多个抗旱指数在 1.1 以上的品种并推广。

二、农艺节水

深松改土、加施土壤调理剂和保水剂，改善土壤物理性质，提高土壤蓄水保墒能力，实现“夏水冬用”。增施有机肥与秸秆还田，培肥地力；重施底肥，测土配方施肥，实施以肥代水、水肥耦合技术。适期晚播、增加播量与初生根量，利用晚播减少冬前水分无效蒸发，利用初生根入土深的特点充分利用深层地下水。采用不大于 15 厘米的行距等行播种，降低棵间蒸发；播后镇压保墒提墒。利用冬小麦需水规律及在秋、冬和早春适度控水对产量无副作用的现象实施调亏灌溉等，均是黑龙港区切实可行的农艺节水措施。

三、设施节水

推广喷灌、微喷、滴灌等灌溉技术，可在传统的沟、畦灌等基础上节水 1/3，节省劳力 2/3 左右。输水配水渠道的渗漏损失是农田灌溉水量损失的重要组成部分，一般未衬砌的渠道输水损失达 40%~50%，实施渠道防渗也是农田节水灌溉的重要环节。

四、微咸水与淡水混合灌溉

小麦产量开始下降时的土壤饱和浸提液 ECe（电导率）阀值为 6 毫欧姆 / 平方厘米，其耐盐性高于大豆、玉米，仅次于甜菜。黑龙港区微咸水资源丰富，2~3 克 / 升的微咸水资源量为 22.5 亿立方米 / 年，占浅层咸水分布区补给量的 59%，这些水具有储量大、分布广、回补快、易开采之特点，科学利用微咸水灌溉，不仅降低灌溉能耗，还可降低浅层地下水位，是扩大水资源、解决该地区水资源危机的有效措施之一。试验表明，小麦对水矿化度敏感性是出苗期 > 灌浆期 > 拔节期 > 苗期，除播种至出苗时需灌溉淡水外，春季拔节期与灌浆期灌溉矿化度 2 克 / 升以下的微咸水，产量基本与淡水相当；灌溉 3 克 / 升的仅减产 7%，而不浇水的旱地小麦产量只有浇淡水的 54.5%；用矿化度 2.25 克 / 升以下的微咸水灌溉，不会使土壤产生明显的盐分积累，对产量安全，对土壤也是安全的。采用深（淡水）浅（咸水）井配套，并根据深浅井水的矿化度确定混合流量和混合比例，实施咸淡混浇，是充分利用该区水资源的重要举措。

第三节 黑龙港冬小麦节水高产综合技术

一、品种选择与种子处理

（一）品种选择

1. 水浇地品种选择

由南向北可选用邯 6172、邯麦 14、邢麦 4 号、邢麦 7 号、邢麦 13、石新 828、河农 6049、藁优 2018（强筋）、衡观 35、良星 66、良星 99、石优 20（强筋）、济麦 20（强筋）、济麦 22、冀丰 703、石新 633、中麦 9 号、中麦 12 号、保麦 9 号和河农 6425 等品种。

2. 旱地品种选择

可以选用沧麦 6001、沧麦 6002、沧麦 028、沧麦 6005、冀麦 32、捷麦 19、衡杂 102 和中信麦 9 号等品种。

（二）种子处理

播种前要精选种子。种子纯度不低于 99%，净度不低于 99%，发芽率不低于 90%，水分不高于 13%。用杀虫剂和杀菌剂对种子进行复合包衣（图 4–4）。

图 4–4 种子包衣

1. 杀虫种衣剂选用

可选吡虫啉以及吡虫啉与氟虫腈的复配种衣剂、噻虫嗪与溴氰虫酰胺的复配种衣剂种子包衣。60% 吡虫啉悬浮种衣剂 20~30 毫升拌种 10~15 千克，360 克 / 升吡虫啉 +180 克 / 升氟虫腈的悬浮种衣剂（速拿妥）40~60 毫升拌种 10~15 千克，40% 溴酰 · 噻虫嗪悬浮种衣剂 18~27 毫升拌种 10~15 千克。用高浓度吡虫啉拌种，不仅可防治多数地下害虫及苗期地上刺吸式害虫、控制病毒

图 4–5 60% 吡虫啉包衣（左）对根系影响

病，还可刺激根系发育（图 4–5），提高小麦抗旱力。

2. 杀菌种衣剂选用

防治全蚀病、散黑穗、腥黑穗、霜霉病等系统型侵染病害以及根腐、纹枯病，可选苯醚甲环唑、硅噻菌胺、咯菌腈等种衣剂，3% 苯醚甲环唑悬浮种衣剂用 20~30 毫升，12.5% 硅噻菌胺悬浮种衣剂用 20~30 毫升，25 克 / 升咯菌腈悬浮种衣剂用 10~15 毫升，拌种 10~15 千克。

选用杀菌与杀虫剂复配的二元种衣剂，不仅使用方便，成本也较低，如用 30.8% 吡虫啉 +1.1% 戊唑醇的复配制剂（奥拜瑞），较单用“高巧”和“立克秀”亩成本可降低 10 元左右。

二、精细整地

（一）秸秆还田

玉米等秋收作物成熟后要及时收获，趁秸秆含水量高时进行粉碎。要利用适宜的配套农机具，在机械收获玉米等作物的同时或收获后，在田间将秸秆粉碎 2~3 遍。习惯切碎秸秆的地区，要将秸秆切碎长度控制在 3~5 厘米，并铺匀后进行翻地。避免因秸秆粉碎还田质量差，对整地和播种造成不利影响。

（二）造墒

足墒播种，培育冬前壮苗，是实现免浇冻水、早春控水、调亏灌溉乃至来年“一水千斤”的关键。如果玉米收获时土壤墒情不足（土壤相对含水量低于 70%），应在能保证小麦适时播种的前提下，玉米收获后浇水造足底墒（图 4–6）。玉米成熟较晚致使小麦播种偏晚的，可以在玉米收获前 10~15 天浇水，争取农时。底墒宜灌淡水，每亩灌水 40~50 立方米。

图 4–6　播前造墒

（三）施足底肥

合理增施底肥，有利于培育冬前壮苗，争取春季管理主动。一般化肥总施用量可按每亩纯氮 14~16 千克、磷（五氧化二磷）8~10 千克、钾（氯化钾）5~7 千克、硫酸锌 1~1.5 千克概算。全部磷钾肥、微肥及氮肥的 40%~50% 底施。对于长期大量施用磷肥或含磷复合肥、土壤速效五氧化二磷含量大于 50 毫克 / 千克的地块，可以不施磷肥。底肥在粉碎秸秆后、整地之前施用，以便整地时与土壤充分混合。另外，根据地力基础和有机肥源情况，每亩可施用烘干鸡粪 200~250 千克或其他有机肥 1.5~2.0 立方米。

地下害虫为害严重地块，可将用于防治地下害虫的颗粒剂或毒土、毒饵与底肥一并撒入田间；有线虫为害地块可亩施 10% 噻唑磷颗粒剂 2~2.5 千克或地面喷施 500 毫升 / 升的氟吡菌酰胺悬浮剂 100 毫升。氟吡菌酰胺不仅是个很好的杀菌剂，也是很好的杀线虫药剂。

（四）整地

已连续 3 年以上旋耕地块，须深松或深耕 1 次，深耕 20 厘米或深松 25 厘米。近 3 年内深耕或深松过的地块，可旋耕 2~3 遍，旋耕深度 15 厘米左右。深耕、深松或旋耕后要耱压、耢地，做到耕层上虚下实、土面细平，避免因秸秆还田量大使土壤悬空，或播种机通过时车轮处下陷，影响播种质量。

三、精细播种

（一）适期适量播种

冬性品种在日平均气温 16~18℃、半冬性品种在日平均气温 14~16℃时为适宜播种期。一般年份，黑龙港南部麦区播期应掌握在 10 月 8—18 日，中部麦区掌握在 10 月 5—12 日，北部麦区掌握在 10 月 1—8 日。

在适宜播期范围内，中南部掌握基本苗在 20 万 ~25 万 / 亩（播种量 9~12 千克 / 亩）、北部麦区 25 万 ~30 万 / 亩（播种量 12.5~17.5 千克 / 亩）为宜。对于因前茬成熟晚，难以实现适时播种的，要贯彻播期播量相配套技术，每晚播 1 天、亩增 1 万基本苗（亩增播量 0.5 千克），但最多不超过每亩 35 万基本苗（亩播量 17.5 千克）。采取适期晚播、增加播量的节水技术，取播量上限。

种子质量、特别是发芽率低于 90% 时，应适当增加播量。种子粒重偏低及品种分蘖力强的，要适当减量，防止造成基本苗过多、冬前群体偏大。

（二）播种深度和行距

播深掌握在 3~5 厘米。在此深度范围内，要掌握早播宜深，晚播宜浅；沙土地宜深，黏土地宜浅；墒情差宜深，墒情好宜浅的原则。播种机要匀速慢走，时速 4~5 千米，以保证深浅一致，行距一致。宜采用行距不大于 15 厘米的等行距播种，以降低棵间水分无效蒸发。

（三）播后镇压

播种后镇压可以增强土壤与种子的密接程度，使种子容易吸收土壤水分，提高出苗率和整齐度。在秸秆还田量大或粉碎质量差、坷垃较多、墒情不足等情况下，播种后镇压能明显缓解上述不足，提高小麦抗旱能力，利于争取播后管理的主动。播种后镇压要抓住最佳时机，采用专用镇压器进行镇压作业。晴天、中午播种、墒情稍差的，要马上镇压；早晨、傍晚或阴天播种，墒情好的可待表层土壤泛白后镇压。镇压后最好用铁耙耥一遍，保证表层煊土。墒情特别充足的地块，可以不镇压或出苗后越冬前再镇压。

（四）修沟、做畦

若是采用地面灌溉的农田，播种后及时修整好田间灌溉用的垄沟并做畦。常规畦灌，畦不宜过大，宽 4~5 米、长 7~10 米、面积 30~50 平方米为宜，以利节水；采用冬后“一水灌溉技术”，畦的大小则不宜小于 80 平方米。渠灌区要做好渠系配套，减少灌溉输水浪费。

四、冬前及冬季管理技术

（一）查苗补种

播种后至出苗期间遇雨，雨后要注意锄划，破除板结，以利于出苗。出苗后普查苗情。麦垄内 10~15 厘米无苗应及时补种，补种时用浸种催芽的种子。如在分蘖期出现缺苗断垄，就地疏苗移栽补齐。补种或补栽后要实施肥水偏管。

（二）冬前病虫草害防治技术

出苗期，用 10% 吡虫啉可湿性粉剂 1000 倍液或其他菊酯类杀虫剂在田边和地头喷 5~10 米宽的药带，防止灰飞虱、蚜虫迁入传播病毒病。播种较早，有土蝗、蟋蟀为害的，可用菊酯类杀虫剂喷雾防治，亩用 4.5% 高效氯氰菊酯乳油 40~60 毫升、对水 30 千克喷雾。有禾本科杂草地块，要做好秋季化除，用药以 10 月末至 11 月初、气温降至 10℃左右时为宜。以节节麦为主的麦田，亩用 3% 甲基二磺隆油悬浮剂 20~30 毫升对水喷雾；以雀麦为主的，亩用 70% 氟唑磺隆水分散剂（彪虎）3 克或 7.5% 啶磺草胺水分散剂（优先）9.3~12.5 克对水喷施；以看麦娘、野燕麦为主的，除可用氟唑磺隆、啶磺草胺外，也可亩用 15% 炔草酯可湿性粉剂（麦极）20~30 克或 6.9% 精恶唑禾草灵水乳剂（骠马）100~120 毫升来化除。硬草、罔草为害麦田，亩用 15% 炔草酯可湿性粉剂 20~30 克化除；防治禾本科杂草的同时，还可加喷苯磺隆、双氟磺草胺或氯氟吡氧乙酸，兼防已出苗的越年生阔叶草。

（三）冬前灌溉技术

在播种前浇足底墒水的，衡水以南地区一般不再浇冻水，以北地区酌情浇冻水。虽然整体墒情较好，但秸秆还田质量差、播后镇压不利、土壤悬空不实、沙薄漏地和缺墒麦田，要进行冬灌，以塌实土壤，促进小麦盘根和大蘖生长，保苗安全越冬。无论南部还是北部，如果播种前下雨而又雨量不足，仅能保证趁墒播种，不能保证安全越冬的，也需浇冻水。在日平均气温稳定下降到 3℃左右、土壤夜冻日消时灌水为好（从北到南在 11 月下旬到 12 月初），每亩灌水量 40~50 立方米。此时灌水，可咸淡混浇，水的矿化度控制在 3 克 / 升以内既可。

（四）保墒、抗旱、防冻技术

灌水后及时锄划，弥补裂缝、松土保墒；因地搞好冬前镇压。对土壤虚而不实、没浇过水的麦田以及冬前苗情偏旺的，要进行冬前镇压，达到控旺和保墒之目的。冬前和冬季严禁麦田放牧，牲畜啃食后的麦苗，抗寒力降低，越冬死苗率增加，返青晚且慢（图 4-7）。

图 4-7　被牲畜啃食麦苗冬后长相

五、春季管理技术

（一）中耕锄划、增温促根技术

在返青至起身期，利用锄划的增温保墒效果，促苗早发，实现小麦早生长、早发育，促根下扎，兼治杂草。对之前浇过水的偏弱苗田应浅锄划，破除板结既可；之前浇过水的旺长麦田，可进行深中耕，断根控旺。之前未浇过水的，此时应进行镇压，但要注意“压干不压湿、不压冻、不压盐碱地”。

（二）因苗促控、增穗增粒、水肥高效技术

一般年份春季灌溉 2 次，每次每亩灌水量 40~45 立方米；咸淡混浇的，水的矿化度 <2 克 / 升为宜。结合灌溉，春季追施总氮量 50%~60% 的氮肥。

第一，对生长正常、群体充足、肥力水平较高的麦田，在拔节初期（清明节前后）、分蘖出现两极分化后浇水，并重施拔节肥，亩追尿素 20 公斤左右。

第二，对中等肥力、群体一般的麦田，在起身中后期结合浇水追施速效化肥，每亩追施 25 千克左右尿素。

第三，对由于播种质量、秸秆还田质量、土壤肥力等原因造成的弱苗，在早春锄划基础上，于起身期和拔节期两次追肥，每次每亩追施 10 千克左右尿素（或在起身期追施 15 千克尿素，拔节期再追 10 千克），以促进分蘖成穗，提高成穗率和促进小花发育结实，增加穗粒数。

第四，抽穗扬花期浇第二水。特别干旱年份，当 60 厘米以上土层水分低于田间持水量的 60%~65%时，在扬花后 15~20 天补浇第三水。

第五，种植强筋小麦品种，又有浇水条件的，追肥分 2 次施用，其中 80% 随春季第一水追施，其余随春季第二水追施。

第六，为保证高产优质，防止倒伏，收获前 10~15 天停止浇水。

第七，渠灌区仅能保证春季浇一水的，浇水可根据供水时间确定。

（三）化控防倒

对于旺长麦田和株高偏高的品种，可以在起身后喷施壮丰安控制倒伏。每亩用量 30~40 毫升，对水 25~30 千克均匀喷施。喷施壮丰安可与喷除草剂结合进行。

（四）返青至拔节期病虫草防治

起身期主要防治麦田阔叶杂草及纹枯病、根腐病、麦蜘蛛等。每亩用 10% 苯磺隆可湿性粉剂 10~15 克，对水 30~40 千克喷雾防治阔叶草；禾本科杂草要及早拔除。防治病害，每亩用 12.5%烯唑醇可湿性粉剂 30 克（或 12.5% 三唑酮可湿性粉剂 50 克、50% 多菌灵可湿性粉剂 75 克），对水 30 千克喷雾。发生麦蜘蛛时，每亩用 1.8%阿维菌素乳油 10~15 毫升或 20% 哒螨灵乳油 20 毫升，对水 30 千克喷雾。根据当地虫情预报，在孕穗期撒施毒土防治吸浆虫幼虫和蛹，2.5% 甲基异柳磷颗粒剂 2~3 千克、5% 毒死蜱粉剂 1~1.5 千克或 48% 毒死蜱乳油 150 毫升对水 2 千克配成母液，与 25 千克潮细土拌匀，顺麦垄均匀撒施地表，然后立即浇水。注意不要带露水撒药，施药后要将粘在麦叶上的毒土及时弹落到地面。

六、后期“一喷三防”技术

为提高工效，减少田间作业次数，从孕穗期开始，可以把病虫害防治与预防早衰和后期干热风结合进行，即一次喷药，同时防治虫害、病害和干热风。

首次“一喷三防”在抽穗后开花前进行，以防治吸浆虫成虫、麦蚜为主，兼防赤霉病、白粉病、锈病等。每亩用 10% 吡虫啉可湿性粉剂 30 克（或 5% 啶虫脒可湿性粉剂 20 克）+2.5% 高效氯氟氰菊酯 20 毫升 +50% 多菌灵可湿性粉剂 75 克（或 12.5% 烯唑醇 30 克、75% 甲基托布津可湿性粉剂 50 克）+ 磷酸二氢钾 60 克，对水 30 千克喷雾。

第二次在开花后 10 天左右，重点防治吸浆虫幼虫、穗蚜、白粉病、锈病，并预防早衰和干热风。每亩用 10% 吡虫啉可湿性粉剂 30 克或 2.5% 高效氯氟氰菊酯 20 毫升 +40% 杀螟松可湿性粉剂 10~15 克 +12.5% 烯唑醇可湿性粉剂 20 克（或 20% 三唑酮乳油 30 毫升）+ 磷酸二氢钾 90 克，叶片有早衰迹象时可再加入尿素 300~450 克，对水 45 千克喷雾。

七、适时收获

完熟初期（籽粒含水量在 18% 左右）及时用能将麦秸粉碎、抛匀的联合收割机收获。割茬高度不高于 15 厘米。

第五章
河北省北部冬小麦丰产栽培技术

第一节　河北省北部冬麦区地域范围与气候资源特点

一、地域范围及土壤类型

河北省北部冬麦区包括保定市安国、定州，沧州市肃宁、黄骅以北，以及廊坊市、唐山市和秦皇岛市全部，分属于太行山山前平原、海河低平原和冀东平原。本区地处黄淮海冬麦区北界，地势西高东低，大部分地区海拔在 50 米以下。土壤类型以褐土为主，质地适中，通透性和耕性良好，有深厚熟化层，疏松肥沃、保墒、耐旱。

二、气候资源主要特点

（一）农业气候资源基本概况

本区地处中纬度，属暖温带大陆性季风气候区。春夏秋冬四季分明，冬季严寒，降水稀少；春季干旱多风，降水不足，蒸发强烈。全年≥ 0℃的积温变幅为 4200~4700℃；≥ 10℃的积温为 3400~4400℃（图 5-1），最冷月平均气温 -10.7~-4.1℃，极端最低气温通常 -24℃。小麦生育期太阳辐射总量 276~293 千焦 / 平方厘米，日照时数为 2000~2200 小时，播种至成熟期 >0℃积温为 2200℃左右。全年降水量为 500~700 毫米，降水季节分布不均，主要集中在 7—9 月，小麦生育期降水为 100~215 毫米，年际变动较大。该区全年无霜期 140~220 天，终霜期一般在 4 月初，正常年份小麦一般可安全越冬。

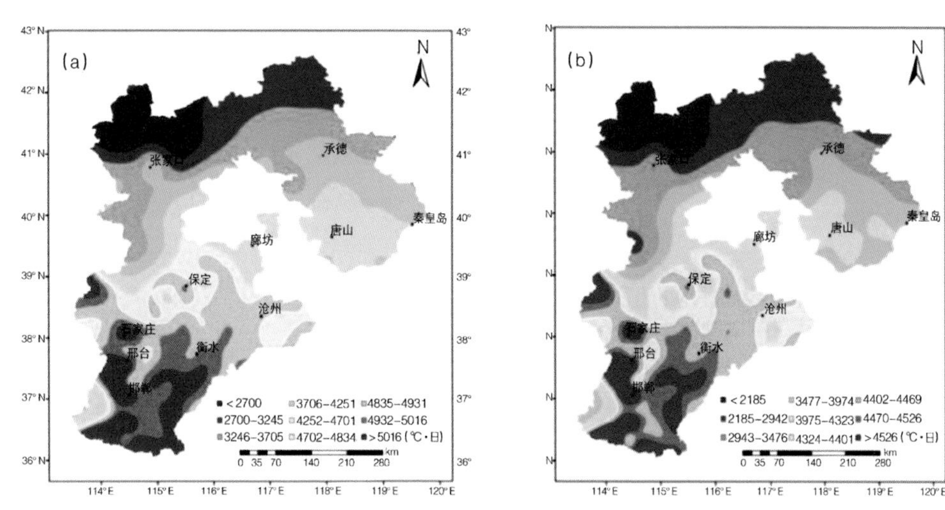

图 5-1　河北省活动积温空间分布（1961—2009）

（单位：℃·日）（a）和（b）分别为≥ 0℃和≥ 10℃活动积温分布

（李晓红，等. 河北省活动积温时空分布规律研究，中国气象学年会，2013）

（二）农业气象灾害发生频繁

低温年份或偏北地区在栽培不当或品种抗寒性较差时，小麦易受冻害。冀东平原区早春气温变化不定，常发生晚霜冻害，绝对晚霜可能发生在 5 月初，对小麦生长带来不利影响。从整体看，北部冬季长寒型冻害风险显著高于南部，而越冬交替冻融型冻害发生风险则低于南部（图 5-2）。虽然北部麦区部分县市年均降水量高于南部，但降水依然无法满足小麦生长需求。在正常年份，小麦生长期内降水不足小麦需水量的 1/3。尤其冬小麦返青后，需水量迅速增大，加之春季气温开始回升，蒸发加强，土壤水分处在迅速失墒阶段，水分贮存量急剧减小，而此时自然降水又少，以致常年都有不同程度的干旱发生，部分年份甚至秋、冬、春连旱。另外，北部冬麦区受地形影响，该区西部干热风发生风险要高于东部（图 5-3）；麦收期间最高气温可达 33.9~40.3℃，会严重影响小麦灌浆进程。虽然近年来干热风发生频率有降低趋势，但对小麦后期产量形成影响也不容忽视。

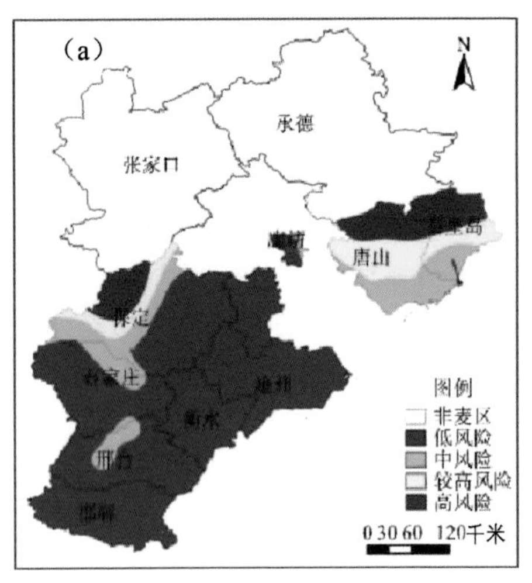

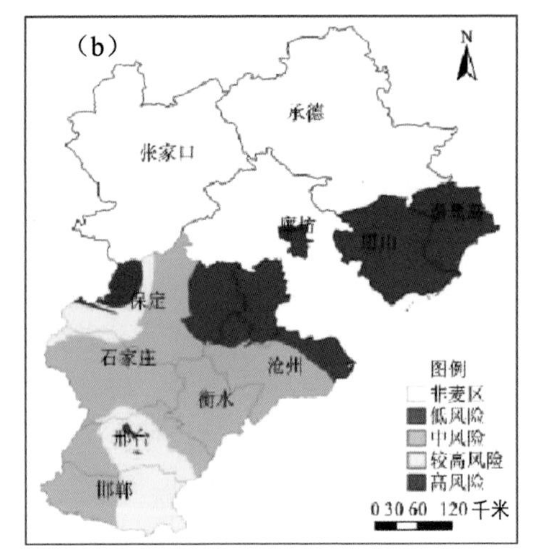

图 5-2　河北省冬小麦冻害气候风险分布（a）和（b）分别为冬季长寒型和越冬交替冻融型冻害

（代立芹等．河北冬小麦冬季不同类型冻害气候指标及风险分析，生态学杂志，2014）

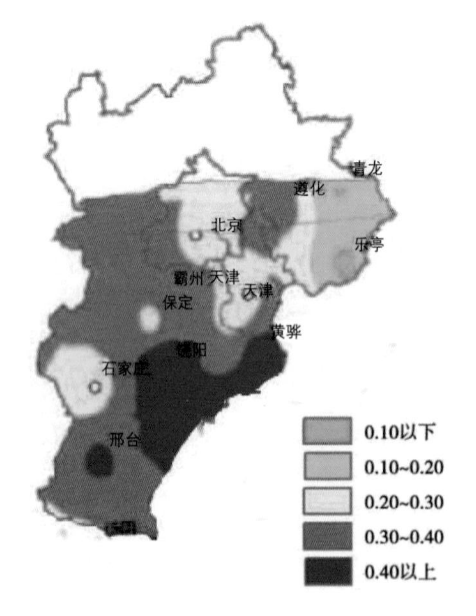

图 5-3　河北省冬小麦干热风为害风险区划图（图例数值越大，风险等级越高）

（杨霏云等．华北冬麦区干热风发生规律及风险区划，灾害学报，2013）

（三）热量资源限制问题突出

积温不同，对冬小麦生长发育影响很大（表 5-1）。北部冬麦区中南部，积温较为充足，可满足小麦玉米一年两熟需要。但北部地区则积温不足，冬小麦冬前很难形成“壮苗”。以玉田县为例，小麦生育期内≥0℃积温 1815.8℃，不能满足中熟品种全生育期 1900~2200℃的积温要求。尤其冬前阶段，积温明显不足。以三河县为例，需在 10 月 1 日播种，冬前才可有 520℃左右积温。再偏北各县积温更少（表 5-2）。而且，受前茬玉米成熟期、土壤墒情、天气等诸多因素限制，播期也无法得到有效保障，多种因素使得北部冬麦区偏北各县小麦很难获得冬前壮苗。因此，中南部地区，尤其涿州以南地区，可以进行冬小麦—夏玉米一年两熟制种植模式。但涿州以北地区，可根据各地实际情况采取包括“冬小麦—夏玉米—春玉米”两年三熟制在内的其他种植模式，以使作物布局更好的与各地热量资源相吻合。

表 5-1　冬小麦不同生育期所需温度

生育期	温度（积温）	说明
播种	旬平均气温 5~18	适宜播种
	旬平均气温 <5 或 >20	不适宜播种
	旬平均气温 <3	当年不能出苗
发芽	旬平均气温 2~5	不能正常发芽
出苗	积温 100~120	播种到出苗所需正常积温
分蘖	旬平均气温 13~18	正常分蘖
	旬平均气温 3~6	分蘖缓慢或受抑制
	旬平均气温 6~13	缓慢分蘖
	旬平均气温 13~18	迅速分蘖
	旬平均气温 <6	多数分蘖不能成穗
冬前	积温 550~600	形成壮苗越冬
	积温 <400	难以形成壮苗，穗分化推迟
	积温 >800	形成过旺苗，抗低温能力差
越冬	旬平均气温 <3	停止生长
	旬平均气温 <0	进入越冬期
返青	旬平均气温 >3	开始返青
	旬平均气温 4~6	适宜返青
拔节	旬平均气温 12~16	适宜拔节
抽穗	旬平均气温 13~20	适宜抽穗
开花	旬平均气温 18~24	适宜开花
灌浆	旬平均气温 18~22	适宜灌浆
	旬平均气温 16~18	灌浆缓慢
	旬平均气温 >25	灌浆速度加快
成熟	旬平均气温 20~22	乳熟 - 蜡熟适宜温度
	旬平均气温 >25	灌浆受阻
	日最高气温 >30	灌浆基本停止

注：温度单位：℃；积温单位：℃。

表 5-2　北部冬麦区典型站点小麦季部分气象要素及产量

站点	平均气温（℃）	最高气温（℃）	最低气温（℃）	降水量（毫米）	干燥度	平均产量（千克/亩）
迁安	5.1	29.9	−16.3	124.7	2.1	314.5
遵化	5.8	32.3	−16.3	133.6	2.1	340.0
文安	6.5	33.6	−15.8	135.7	2.3	350.3
高阳	6.8	33.9	−13.5	134.6	2.5	371.6
定州	7.6	34.1	−12.6	134.6	2.7	385.9

第二节　河北省北部一年两熟制冬小麦节水丰产栽培模式

一、模式特点

以小麦作为越冬作物，后茬种植夏玉米。小麦要适期播种，合理密植，培育冬前壮苗，保证安全越冬。春季管理时以增穗、增粒、稳定粒重为目标，实现小麦亩产 500~550 千克。

二、关键技术

（一）播前准备

1. 选用抗冻品种

根据小麦品种在本区栽培表现，选择综合抗性强，节水性、丰产性、稳产性好，兼顾优质的中早熟冬性、半冬性品种。本区从南到北可选用济麦 22、石新 828、河农 6049、中麦 175、石新 616、中麦 9 号、中麦 12 号、保麦 10 号和河农 6425 等品种。

2. 种子处理

用戊唑醇、烯唑醇、苯醚甲环唑、咯菌腈或硅噻菌胺等杀菌剂与 70% 的吡虫啉种衣剂进行种子包衣，预防土传、种传病害及地下害虫。每 100 千克种子用戊唑醇有效成分 3~4 克、烯唑醇有效成分 4~5 克、苯醚甲环唑有效成分 6~9 克、硅噻菌胺有效成分 20~40 克、咯菌腈有效成分 3.75~5 克，任选其一。70% 的吡虫啉粉剂 50~70 克适量对水，拌种 20~25 千克；地下害虫重发地块还可亩用 3% 辛硫磷颗粒剂 3~4 千克于整地前同肥撒施。

3. 秸秆还田与造墒

玉米秸秆还田，要求粉碎两遍，田间没有根茬和较长的秸秆。7—9 月降水较少时，可于玉米收获前 10~15 天带棵洇地，等土壤墒情适宜后再收玉米、整地播麦，做到“一水两用”，如此既促进玉米灌浆又可为小麦播种造墒。

4. 科学施用底肥

增施有机肥，每亩施用烘干鸡粪 200~250 千克，或用其他有机肥 1.5~2 立方米。播前底施化肥，一般每亩底施纯氮 7~9 千克、五氧化二磷 6~8 千克、氧化钾 6~7 千克、硫酸锌 1~1.5 千克。作业时先将肥料撒施在地表，然后通过旋耕，将肥料较均匀地混合在 0~15 厘米土层内。推荐分层混合施肥，利用深松旋耕分层混合施肥机或深松分层混合施肥播种机进行。作业时，先将一部分肥料撒于地面，在对土壤旋耕作业的同时将肥料混合在 0~15 厘米耕层内；另一部分肥料通过深松铲施于 20~25 厘米土层范围内。另外，推荐每亩加施多功能微生物菌剂（麦地宝）15~20 千克（图 5-4），可加速玉米秸秆腐解、防控土传病害（表 5-3）、提高磷钾肥利用率。有条件的地区可施用缓释氮肥，保证肥力持续供应。

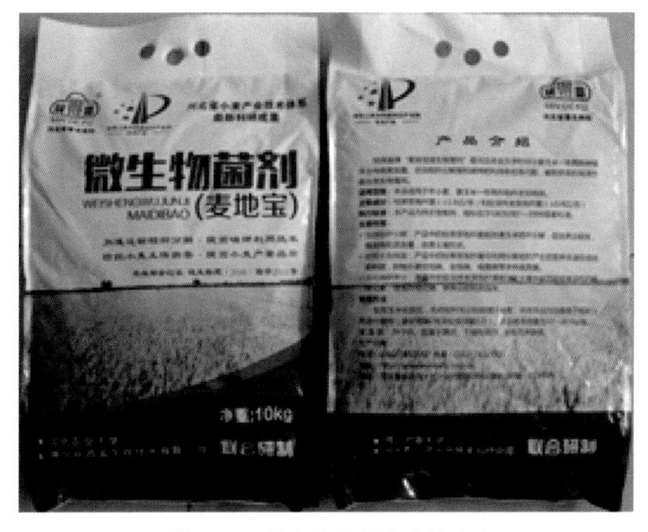

图 5-4　微生物菌剂（麦地宝）

表 5-3 多功能微生物菌剂对不同试验基地小麦土传病害的防效

生育时期	处理	纹枯病（望都）		根腐病（涿州）		全蚀病（文安）	
		病情指数	防效（%）	病情指数	防效（%）	病情指数	防效（%）
越冬期	菌剂	1.2 b	85.4 b	0.9 b	91.1 b	1.1 b	91.1 b
	对照药剂	0.4 c	95.1 a	0.1 c	99.0 a	0.4 c	96.7 a
	CK	8.2 a	—	10.1 a	—	12.3 a	—
返青期	菌剂	3.1 b	81.4 b	2.8 b	77.6 b	7.7 b	66.2 b
	对照药剂	1.3 c	92.2 a	2.6 c	79.2 a	4.3 c	81.1 a
	CK	16.7 a	—	12.5 a	—	22.8 a	—
拔节期	菌剂	8.2 b	74.6 a	7.5 b	70.9 b	16.1 b	59.4 b
	对照药剂	6.5 b	79.9 a	7.8 b	69.8 a	12.1 c	69.5 a
	CK	32.3 a	—	25.8 a	—	39.7 a	—
成熟期	菌剂	11.5 b	70.6 a	14.5 b	56.7 a	22.5 b	47.1 b
	对照药剂	10.3 b	73.7 a	12.9 b	61.5 a	13.1 c	69.2 a
	CK	39.1 a	—	33.5 a	—	42.5 a	—

注：同一时期同列数据后不同字母表示经 Duncan 氏新复极差法检验在 P <0.05 水平差异显著；纹枯病、根腐病和全蚀病对照药剂分别为戊唑醇种子处理悬浮剂、苯醚甲环唑悬浮种衣剂和咯菌腈种子包衣剂。

5. 精细整地

整地提倡保护性耕作措施，主要采取先深松（深度 20~25 厘米）、后旋耕（深度 13~15 厘米）方式。一般需旋耕 2 遍，旋耕深度 15 厘米左右。也可采用深松旋耕肥料分施联合作业机械，一次性完成深松、旋耕、镇压、全层施肥等工序（图 5-5）。已连续秸秆还田 4~5 年地块，应进行一次深翻，深度 20~25 厘米。整

图 5-5 1SXFL- 深松旋耕肥料分施联合作业机

地要做到“上虚下实”。

（二）播种及播后镇压

1. 播期播量

一般年份，自北向南，秦皇岛、唐山冬麦区适宜播种期为 9 月 27 日至 10 月 3 日；保定以北及廊坊适宜播种期为 10 月 1—7 日。适宜播种期内，每亩播种量为 12.5~15 千克。以后每推迟播种 1 天，每亩增加播种量为 0.5~0.6 千克。

2. 播种形式

主要采用 15 厘米等行距播种，整地质量较好的地块也可采用 7.5 厘米等行密播技术，播种深度 4~5 厘米。

（1）等行距播种。用 15 厘米等行距播种机作业，要求匀速行驶、播量精确、下种均匀，深浅一致，无漏（重）播，覆土均匀、镇压严密，地头地边播种整齐。

（2）密行匀播。通过大幅度缩小行距（行距一般 7.5~10 厘米），进而增加有效粒距的一种匀播形式。尤其适用于整地质量较好的地块。采用 7.5 厘米行距密行匀播机作业，要求整地质量要高，地表要平整，播层内无大坷垃、根茬、秸秆堆积。如果出苗条件较好，与等行距播种相比，可适当减小播量 5%~10%。

3. 播后镇压

在播种后出苗前土壤表层墒情适宜时，用专用镇压器进行镇压。碾碎坷垃、踏实土壤、提高出苗率。

（三）冬前及冬季管理

1. 查苗补苗

播后至出苗期间遇雨，雨后要注意用锄划破除板结，以利于出苗。出苗后普查苗情，麦垄内 10~15 厘米无苗应及时补种，补种时用浸种催芽的种子。

2. 化学除草

冬前分蘖期重点防治禾本科恶性杂草，主要对象有节节麦、雀麦、野燕麦、看麦娘等。防治节节麦，可于小麦越冬前、杂草出齐后，每亩用 3% 世玛油悬乳剂（甲基二磺隆）20~30 毫升加助剂拌宝 60 毫升对水 30 千克喷雾。防治雀麦，可用氟唑磺隆、啶磺草胺等。防治野燕麦、看麦娘，可用氟唑磺隆、啶磺草胺以及精恶唑禾草灵、炔草酯等。以播娘蒿、荠菜等阔叶杂草为主的冬小麦田，选用氯氟吡氧乙酸异辛酯、苯达松・2 甲 4 氯、唑草・苯磺隆等进行防治。禾本科与阔叶杂草同时发生区，以上药剂合理混配喷雾防治。

3. 浇灌越冬水及压麦

北部麦区 11 月底至 12 月初陆续进入越冬期。越冬水灌溉在日平均气温稳定下降到 4~6℃开始，掌握在“日化夜冻”日期浇灌。“冬季压麦”要选择晴天中午 12:00 至下午 4:00 之间进行，可压碎坷垃、弥合裂缝，保墒、保苗，利于安全越冬。

4. 禁止放牧

冬季要禁止放牧。麦田放牧对麦苗有多种为害，还会导致麦苗死亡。

（四）春季田间管理

1. 锄划增温

河北省北部麦区于 3 月初至 3 月 15 日陆续返青，小麦返青后要及时进行中耕锄划增温、促蘖。

2. 浇水追肥

北部麦区一般在起身末至拔节初灌水追肥，灌水追肥要坚持“因苗分类”管理。一般麦田，在拔节初期（保定地区 4 月 6 日—12 日、唐山地区 4 月 20 日左右）浇灌，亩浇水量 50~60 立方米，随浇水每亩追施尿素 17~20 千克。对群体充足（亩总茎数超过 120 万）且肥力较好，或有倒伏倾向的麦田，灌水一般可推迟至拔节后 5 天。而对群体不充足，较干旱或苗弱田适当提前到起身中期（3 月下旬至 4 月上旬），亩浇水量 50~60 立方米。小麦第二水管理在抽穗扬花期。

3. 防治病虫草害

（1）返青期至拔节期。防控纹枯病：在春季化学除草的同时，加入烯唑醇或井岗霉素·蜡质芽孢杆菌（纹霉清）等，达到兼治纹枯病的效果。防治麦蜘蛛：当平均 33 厘米行有麦蜘蛛 200 头以上、麦株大部分叶片上呈现白点时，开始化学防治。防治麦圆蜘蛛，可用 20% 的三氯杀螨醇乳油 800 倍液、20% 的甲氰菊酯（灭扫利）乳油 2000 倍液或 15% 的哒螨酮乳油 3000 倍液喷雾。要在上午 9:00 以前和下午 4:00 以后，麦蜘蛛大多数在小麦上取食活动时喷药。防治麦长腿蜘蛛，除使用上述药剂外，还可用 50% 马拉硫磷 1000~1500 倍液喷雾，施药时间宜在上午 9:00 至下午 4:00。如麦叶蜂发生严重，也可一并兼治。秋季除草不利或春季杂草出苗较多时，拔节前再化除杂草一次。以看麦娘、野燕麦、硬草为主田块，亩用 6.9% 精恶唑禾草灵水乳剂（骠马）80~100 毫升、15% 炔草酯可湿性粉剂（麦极）30~40 克 / 亩喷雾防治。以阔叶杂草为主田块，亩用 20%氯氟吡氧乙酸乳油（使它隆）40~50 毫升，荠菜多的田块，亩用 20%氯氟吡氧乙酸乳油（使它隆）25 毫升加 20%二甲四氯 125 毫升。禾本科和阔叶杂草混生的田块，亩用 6.9% 精噁唑禾草灵水乳剂（骠马）80~100 毫升加 20% 氯氟吡氧乙酸乳油（使它隆）40~50 毫升。防治节节麦应避免春季施药，骠马、麦极对雀麦无效。

（2）孕穗至抽穗扬花期。重点进行吸浆虫防治。4 月中下旬小麦处在孕穗期正是吸浆虫化蛹盛期，也是防治的最佳时期。用毒死蜱粉剂配制成毒（沙）土，在露水散去后均匀撒施于麦田，并用扫帚、树枝等器具将粘在麦叶上的毒土弹落在地面上，撒毒土后浇水可提高药效。小麦扬花前是吸浆虫成虫羽化盛期，可选菊酯类、氨基甲酸酯类等杀虫剂喷雾防治。重发区要连续防治 2 次，间隔 3 天，消灭成虫在产卵之前。扬花期遇雨，应及时喷施氰烯菌酯、烯肟菌酯或甲基托布津等药剂预防赤霉病。

（3）灌浆期。重点实施"一喷三防"技术，防病、防虫、防干热风，争粒重。加强对麦蚜、白粉病、赤霉病、叶枯病等的防治。开花后 10 天左右施药，杀虫剂选用低毒有机磷类、菊酯类或吡蚜酮、吡虫啉等，杀菌剂选用戊唑醇、三唑酮、丙环唑、烯唑醇或多菌灵等（表 5-4）。杀虫剂、杀菌剂与磷酸二氢钾、尿素或叶面肥等合理混配喷施，磷酸二氢钾为 400~500 倍液，尿素 1%~2%。

表 5-4　不同药剂组合对小麦病虫害防效及对产量的影响

杀虫剂	杀菌剂	白粉病防效（%）	锈病防效（%）	赤霉病防效（%）	蚜虫防效（%）	亩产（千克）
吡虫啉 2 克 / 亩	三唑酮 25 克 / 亩	70.0 c	71.2 ab	49.8 c	82.8 ab	507.4ab
氯氰菊酯 6 毫升 / 亩	三唑酮 25 克 / 亩	67.9 c	70.8 ab	53.3 c	76.9 b	487.8ab
吡蚜酮 10 克 / 亩	三唑酮 25 克 / 亩	68.0 c	72.0 ab	48.0 c	80.9 ab	507.5ab
噻虫嗪 8 克 / 亩	醚菌酯 3 克 / 亩	79.9 ab	61.7 b	60.5 b	87.9 a	527.8ab
氯氰菊酯 6 毫升 / 亩	醚菌酯 3 克 / 亩	82.0 a	62.5 b	59.8 b	78.1 b	514.3ab
吡蚜酮 10 克 / 亩	醚菌酯 3 克 / 亩	82.8 a	60.2 b	62.2 b	80.9ab	531.8ab
噻虫嗪 8 克 / 亩	丙环唑 40 克 / 亩	71.7 bc	74.9 ab	51.7 c	88.8 a	546.6a
吡虫啉 2 克 / 亩	丙环唑 40 克 / 亩	74.0 bc	73.1 ab	52.8 c	84.9 a	515.6ab
氯氰菊酯 6 毫升 / 亩	丙环唑 40 克 / 亩	71.9 bc	75.9 a	50.7 c	76.8 b	522.9ab
噻虫嗪 8 克 / 亩	戊唑醇 40 克 / 亩	80.9 ab	76.9 a	70.9 a	87.8 a	540.3a
吡蚜酮 10 克 / 亩	戊唑醇 40 克 / 亩	81.7 a	77.3 a	70.5 a	82.1 a	547.9a
吡虫啉 2 克 / 亩	戊唑醇 40 克 / 亩	82.0 a	75.4 a	71.8 a	81.5 a	566.6a
CK		—	—	—	—	485.7b

注：施药试验于 2015 年 4—6 月在河北文安冬小麦田进行，病害防效为药后 14 天，虫害防效为药后 7 天。每个杀虫剂与杀菌剂组合处理均添加叶面肥（90% KH_2PO_4，50 克 / 亩）。吡虫啉为 70% 水分散粒剂，噻虫嗪为 25% 水分散粒剂，吡蚜酮为 25% 悬浮剂，氯氰菊酯为 10% 乳油，三唑酮为 25% 可湿性粉剂，醚菌酯为 50% 干悬浮剂，戊唑醇为 12.5% 可湿性粉剂，丙环唑为 25% 乳油，以施用清水为对照（CK），同列数据后不同小写字母表示差异显著（$P<0.05$）。

（五）适时收获

完熟初期及时用能将麦秸粉碎、抛匀的联合收割机进行收获。留茬高度不高于15厘米。

第三节　河北省北部冬小麦—夏玉米—春玉米两年三熟优化栽培模式

一、模式特点

河北省北部冬麦区属“一年两熟”、“两年三熟”混作区。采用一年两熟制，秋播小麦常因积温不足而难以实现冬前壮苗，即使增加播量，但由于分蘖成穗率低、亩穗数不足、单株生产力不高，致使小麦产量不理想。实行两年三熟制，即在2年间，春播作物后茬种冬小麦，冬小麦收获后种夏播作物，夏播作物收获后冬季休闲，这样就给小麦播种前留出较长农耗时间，使小麦播种后有50~55天生长期，从而实现六叶（五叶一心）四蘖、单株有2个大蘖的冬前壮苗标准。两年三熟制，春播作物可选用优质的食用玉米品种或生物产量高的饲用型品种，马铃薯、花生等作物；夏播作物可选择玉米、甘薯、大豆、苜蓿（精饲料，并可培肥地力）等作物。夏播作物收获后，秸秆粉碎还田，用翻转犁进行耕翻（深度20~25厘米）晒垡，冬季休闲，接纳降水、提高地力。水资源紧张地区可在入冬前进行做沟灌水，春季地化通后，及时耙耱保墒，适期播种春播作物。

二、关键技术

（一）技术思路

采用两年三熟制，前茬春播作物收获后，下茬冬小麦播前有充足时间进行造墒，实现足墒播种。施底肥时，应增施有机肥，并选用含缓/控释氮肥的复混肥加多功能微生物菌剂做底肥。每3年深翻或深松整地一次。在适播期内提早播种，播前播后镇压，为冬小麦冬前形成壮苗与群体充足提供保障。由于麦田群体充足，单株分蘖多，越冬水灌溉量可相应减少或不灌越冬水，拔节水也可进一步推迟，促使分蘖“两极分化”。保证小麦田间个体健壮、群体充足、穗层整齐。最终，在春灌一水条件下，实现冬小麦节水丰产目标。

（二）技术要点

1. 整地前造足底墒

采用两年三熟制，前茬春播作物收获后，下茬冬小麦播前有充足时间进行玉米秸秆粉碎和造墒。玉米收获后秸秆及时粉碎 2~3 遍，秸秆切碎长度 3 厘米左右，撒施 100 千克 / 亩精制有机肥，以及具备加速玉米秸秆腐解和防控土传病害的多功能土壤添加剂于玉米秸秆上，再浇水造墒。灌溉底墒水前，测定土壤含水量，确定灌水定额，以灌底墒水后 0~40 厘米土层储水量达到田间持水量的 90% 为宜。

2. 适量施用底肥

小麦化肥总施用量按每亩纯氮 14~16 千克，磷（P_2O_5）8~10 千克，钾（K_2O）5~7 千克。磷肥、钾肥全部底施；氮肥总量的 50% 底施。施用精制有机肥的地块，化肥用量取低限。施用多功能土壤添加剂的地块，氮肥量取高限，磷钾肥取低限。底氮肥可选用缓（控）释肥（脲酶抑制剂型）。

3. 精细耕整地

每 3 年深翻或深松 1 次，深翻 20 厘米、深松 30 厘米。深翻或深松过后，再旋耕 1~2 遍，旋耕深度 15 厘米，并耱压、耢地，使耕层上虚下实，土面细平。

4. 适期、适量、精细播种

从当地常年气温稳定通过 3℃终日前推积温 560℃，同时满足冬性品种在日平均气温 16~18℃，为最适播期。也可适当提早播种时间，唐山、秦皇岛地区可将播期提早至 9 月 26 日。按基本苗 25 万株 / 亩计算播种量，播深 3~5 厘米。播种机要匀速慢走，时速 4~5 千米，等行距（<15 厘米）播种。播后和越冬前根据墒情、苗情适时镇压。

5. 越冬期灌水

越冬水灌溉量可相应减少，灌溉量 20~25 立方米。条件允许时，配合冬季压麦，不再灌溉越冬水。

6. 春季水肥管理

春季一般适时灌溉追肥 1 次，可推迟至拔节后 5 天，适当推迟灌水可促使分蘖“两极分化”，即适当干旱胁迫使小蘖自然衰亡，单株仅保留一个主茎和一个大蘖成穗，亩穗数 50 万 ~55 万穗。随水亩追施尿素 17~20 千克，根据具体天气、苗情、墒情确定时间。当 0~40 厘米土层平均含水量低于 60% 开始灌溉，灌至 90%。中后期随“一喷三防”喷施磷酸二氢钾，每次 60 克 / 亩（喷施浓度要控制在 0.3% 以下）。

第六章
冀中南小麦一水千斤简化栽培技术

传统的小麦栽培管理在水分供应上总是以充分满足各个生育时期需求为目的，在20世纪70年代至80年代初，提倡“保持地皮不干、一直浇到麦开镰”的做法，高产麦田小麦一生灌水7~8次；20世纪90年代后，随着各方面条件的改善提高，浇水次数逐渐减少，到目前基本形成了冬前灌溉1水、春季灌溉2水（个别麦田灌溉3水）为主的灌溉模式。但是，随着地下水严重超采，用工成本、浇地成本的提高，进一步减少浇水次数，简化栽培，成为一种生产需求。

随着小麦节水品种的更新换代，配套栽培技术的不断完善等，通过大田传统畦灌方式，使高产麦田由“一水八百斤”、“两水过千斤”逐渐演化为“一水过千斤”、“两水超高产”，已成为现实。本技术产量目标为接近或达到传统灌溉农田水平。

第一节　一水千斤简化栽培的理论基础

一、常规灌溉模式下有剩余水分是进一步节水的基础

通过对藁城、赵县2011—2014年3个年度20块地的常规田间灌溉（小麦冬前1水，春季2水，个别3水）模式的水分运筹研究，表明传统灌溉模式有了进一步

节水潜力。

（一）高产麦田耗水总量在 310 方 / 亩以上

常规灌溉模式下，平水年（2011—2013 年）小麦全生育期灌水为 140 立方米 / 亩，平均降水为 90.6 立方米 / 亩，土壤水消耗为 81.7 立方米 / 亩，小麦生育期总耗水为 312.3 立方米 / 亩；枯水年（2013—2014 年）小麦全生育期灌水为 180 立方米 / 亩，降水为 45.5 立方米 / 亩，土壤水消耗为 105.6 立方米 / 亩，小麦生育期总耗水为 331.1 立方米 / 亩。以平水年为标准，高产麦田小麦耗水总量须保证在 310 方 / 亩以上。

（二）常规灌溉模式下麦季结束后土壤水呈盈余状态

常规灌溉模式下，麦季结束后，2 米土体储水量仍可达 289.5 立方米 / 亩，扣除萎蔫系数（按土壤含水量 10% 概算）以下不可利用的水分，可利用水分仍达 62~98 立方米 / 亩（表 6-1），说明在常规灌溉、全生育期灌 3 水、140 立方米 / 亩的情况下，仍有至少 60 立方米 / 亩的节水空间。

表 6-1　小麦收获后土壤含水量、储水量

土层（厘米）	2011—2012 年		2012—2013 年		2013—2014 年	
	含水量（%）	>10% 贮水量（立方米）	含水量（%）	>10% 贮水量（立方米）	含水量	>10% 贮水量（立方米）
0~20	9.6	—	15.1	9.58	8.6	—
20~40	9.5	—	12.8	5.59	9.5	—
40~60	11.4	2.80	11.2	2.47	11.4	2.80
60~80	12.9	6.03	13.7	7.80	11.9	3.95
80~100	13.1	6.45	14.7	9.69	13.3	6.86
100~150	13.8	20.39	15.5	29.41	13.7	19.86
150~200	16.1	33.14	16.3	34.06	15.3	28.80
合计	—	68.82	—	98.61	—	62.27

（三）常规灌溉模式下深层墒在小麦全生育期处于可供状态

常规灌溉模式下，无论是旱年还是丰水年，小麦生育期间 150 厘米以下的土层含水量均在 16% 左右甚至以上（表 6-2），深层储水还能够供应小麦生长需要，说明增加根系在深层土壤分布，可进一步提高土壤水分利用率。

表 6-2　小麦全生育期 2 米土体不同土层含水量变化（%）

年度	土层（厘米）	小麦				平均降水量（毫米）
		播种期	越冬期	返青期	收获期	
2011—2014 年平均	0~20	20.4	19.8	17.5	11.1	113.3
	20~40	18.2	18.0	16.5	10.6	
	40~60	17.3	15.7	15.9	11.7	
	60~80	16.8	15.9	16.1	12.8	
	80~100	16.6	15.0	15.5	13.7	
	100~150	17.7	15.5	15.8	14.3	
	150~200	18.6	15.9	16.9	15.9	

二、一水千斤简化栽培配套技术基本原理

（一）实行适期晚播、增加播量与前期旱胁迫，提高根系深层分布比例，充分利用深层墒

1. 适期晚播、增加播量

小麦根系主要分布在地下 40 厘米以上土层，但最深可下扎到 2 米以下、达 2.5~2.8 米；深层分布的根系主要是初生根（主根）。利用适期晚播、增加播量、增加入土较深的初生根量，是利用深层土壤水的措施之一。

2. 前期控水、促根系下扎

通常人工灌水或降水多时，小麦根系分布浅，反之则深。在小麦苗期采取干旱胁迫的管理方式促根系下扎，也是充分利用 1.5~2 米土体水分、甚至 2~2.5 米土体水分，从而提高整体土壤水利用率、减少人工灌水、实现节水的有效措施。

常规灌溉模式下，常年麦季结束后 2 米土体仍有可利用水为 60~100 立方米 / 亩，相当于 1.5~2 次灌水。表明充分利用 2 米土体储水，实现春灌一水、节水高产是可行的。

（二）充分利用节水品种的生物节水潜力

大量生产实践证明，小麦品种间生物节水潜力相差很大，在自然干旱和旱棚栽培情况下，相差可达 20% 以上，在不同灌水情况下也有明显差异，所以，选用节水高产品种是实现一水千斤的首要条件。

（三）实行配套保墒提墒措施，提高土壤水分利用率

整地质量、播期早晚、镇压与否、播种形式、是否浇蒙头水等措施对土壤水的消耗影响是不同的，一水千斤必须采取一切有利于节水保墒措施，实现节水。

第二节　一水千斤简化栽培技术灌溉模式下的水分运筹特点

多年试验和生产实践证明，小麦在灌溉 1 水的情况下要实现正常产量水平，必须满足小麦耗水达到 310 立方米 / 亩以上之需求；按常规灌溉 140 立方米 / 亩、剩余土体水至少 60 立方米 / 亩计算，“一水千斤”模式人工灌水不低于 80 立方米 / 亩方可。有些年份虽然总耗水未达到 310 立方米 / 亩，也能实现一水千斤，但产量与常规灌溉相比仍有差距；有些年份虽然达到了 310 立方米 / 亩，但与常规灌溉相比，产量也会有差距，其主要原因是降水中的无效降水和有效降水难以区分，造成误差所致。因此，在有些降水次数多，但多为小雨的年份，人工灌水量应适当加大。笔者在赵县韩村对一水千斤麦田进行了连续两年的水分运筹状况观测，证明了上述观点。

一、2014—2015 年度一水千斤麦田水分运筹状况

当年小麦播种为趁墒播种，冬前未浇水，春季在拔节期灌水 1 次，总灌水次数比常规麦田少 2 水。总的用水状况是：人工灌水 63 立方米 / 亩，自然降水 115 立方米 / 亩，消耗土壤水 122.3 立方米 / 亩（表 6-3），全生育期总耗水量 300.3 立方米 / 亩，亩产达到 536.5 千克，比常规麦田减产 20 千克左右。

表 6-3　2014—2015 年度小麦播种前与收获后 0~200 厘米土体储水量变化情况

土层（厘米）	播前		收获后		储水量变化（立方米 / 亩）
	含水量（%）	储水量（立方米 / 亩）	含水量（%）	储水量（立方米 / 亩）	
0~20	16.6	31.2	3.8	7.07	
20~40	14.5	29	4.8	9.56	
40~60	12.5	25.1	6.2	12.3	
60~80	13.3	26.9	7.3	15.1	
80~100	13.4	27.8	7.1	14.8	
100~150	14.2	76.4	9.4	50.4	
150~200	14.1	76.8	11.3	61.7	
合计		293.2		170.93	122.3

从小麦田间长相来看，成熟前已有受旱表现，成熟提前 2~3 天；从成熟后的土体含水量来看，150 厘米以上的土壤含水量均在萎蔫系数以下，说明后期水分供应不足，影响了小麦产量。该年度属于降水较多年份，虽然总用水量达到了 300.3 立方米 / 亩，但无效降水较多、人工灌水不足，没达到理想产量水平。

二、2015—2016 年度一水千斤麦田水分运筹状况

当年小麦播种为趁墒播种，冬前未浇水，春季在起身拔节期灌水 1 次，总灌水次数比常规麦田少 2 水。总的用水状况是：人工灌水 83 立方米 / 亩，自然降水 79 立方米 / 亩，消耗土壤水 126 方 / 亩（表 6-4），全生育期总耗水量 288 立方米 / 亩，亩产达到 568.8 千克，比常规麦田减产 10~20 千克。

从收获后的土体含水量来看，表层以及深层土壤含水量基本正常，小麦没有受旱表现，但总用水量不足 310 立方米 / 亩，小麦产量与常规麦田相比，仍有一定差距，说明总用水量应达到 310 立方米 / 亩以上。

表 6-4　2015—2016 年小麦播种前与收获后 0~200 厘米土体储水量变化情况表

土层（厘米）	播前		收获后		储水量变化（立方米 / 亩）
	含水量（%）	储水量（立方米 / 亩）	含水量（%）	储水量（立方米 / 亩）	
0~20	19.3	36.28	9.6	16.13	
20~40	16.55	33.1	9.5	19.06	
40~60	16.8	33.6	11.5	22.8	
60~80	16.65	34.63	11.9	24.75	
80~100	17.9	37.23	13.1	27.31	
100~150	19	101.97	13.8	73.79	
150~200	20.2	109.75	14.1	76.72	
合计		386.57		260.56	126.01

第三节　一水灌溉模式的成功典例

一、储墒灌溉模式

河北吴桥采取播前储墒灌溉模式（即播期造墒），将肥料全部一次底施，不留

垄沟，播后不再进行水肥管理操作。2014 年在吴桥蔡宗胜农户示范田种植的农大 399 小麦，经实收实打，亩产达到 609.82 千克，在当地属于正常偏高产量水平。

二、春灌一水模式

（一）河北省农林科学院旱作所示范田

河北省农林科学院旱作所 2014 年在深州建设的示范田，其中农户曹增民种植的衡观 35 小麦，趁墒播种、拔节期灌溉 1 次，经实收实打，亩产达到 663.8 千克，在当地属于正常偏高产量水平。

（二）河北省现代农业产业体系小麦创新团队两年多地结果

河北省现代农业产业体系小麦创新团队山前平原区岗位专家于 2014 年开始在临漳、南宫、赵县和辛集等地进行小麦春灌一水模式的“一水千斤”示范，均取得成功。

2014—2015 年在临漳、隆尧、赵县、辛集进行了 4 个小麦品种 10 块地的多点示范，示范品种有婴泊 700、衡观 35、农大 399 和邯 6172，在全生育期人工灌溉一水的情况下，除 1 块地接近 500 千克 / 亩外，其余 9 块地均实现了“一水千斤”，平均亩产 538.3 千克 / 亩（491~597 千克）。其中，赵县韩村 8 亩示范田在 2014 年伏期降雨少、土壤深层墒储存量少、抢墒播种的情况下，2015 年 6 月 12 日经专家组实收实打，亩产达到 536.6 千克。

2015—2016 年在临漳、隆尧、赵县、辛集和涿州五地 6 块地进行示范，单位示范面积扩大到 50~100 亩，在小麦季特殊干旱情况下，均实现了“一水千斤”。平均亩产 542.0 千克 / 亩（506.4~583 千克），其中临漳经专家实收实打，亩产达到 583 千克；赵县经专家实收实打，亩产达 568.8 千克。

第四节　一水千斤简化配套栽培技术

选择土质为壤土，土层没漏沙，土体深厚，保墒保肥能力强的农田。主要抓好以下几点配套措施。

一、一水两用

“一水两用”是指在玉米灌浆后期进行灌水，既能使玉米增加一定产量，弥补小麦“一水千斤”的产量差距，又能给小麦播种创造一个较好的表墒条件，同时还可以加大麦季土体储墒量。生产上小麦播种时一般为造墒播种、趁墒播种或抢墒播种，抢墒播种的有时表墒不足，抢墒播种后又进行蒙头水灌溉，造成土壤塌实，虽然有利于小麦出苗、减轻土壤跑风漏气、增强抗寒能力，但土壤毛细管相连，土壤蒸发量加大，苗期浅层土壤含水量高，根系下扎较浅，不利于抗旱节水栽培。抗旱节水栽培提倡足墒播种，播后苗期实行干旱胁迫，促使根系下扎。

据在临漳、隆尧、赵县、辛集、涿州多地试验表明，在玉米灌浆后期进行灌水，可以提高玉米产量，增加小麦播种前的土壤含水量和储水量。据试验，玉米生长后期的 9 月 10—15 日 (W1)、9 月 20—25 日（W2）分别浇水 30 立方米 / 亩，到小麦播种前 0~200 厘米土层储水量分别比不浇水的增加 8.8 立方米和 16.6 立方米，0~20 厘米土壤含水量提高 0.66%、1.22%（表 6-5）。

各地可掌握在玉米成熟收获前 10 天左右进行灌溉，以确保小麦足墒播种。

表 6-5　各处理 0~200 厘米土壤储水情况

试验站	处理	耕层 0~20 厘米含水量（%）			0~200 厘米土层储水量（毫米）		
		含水量	处理 -CK	W2-W1	储水量	处理 -CK	W2-W1
赵县	W1	17.9abA	0.70		497.4bB	8.8	
	W2	19aA	1.80	1.10	519.8aA	31.2	22.4
	Ck	17.2bA			488.6bB		
辛集	W1	19.4abA	1.40		600.8bA	17.6	
	W2	19.8aA	1.80	0.40	611.1aA	27.9	10.3
	Ck	18.0bA			583.2cB		
隆尧	W1	16.4aA	0.10		576.9abA	20.9	
	W2	16.4aA	0.10	0.00	583.4aA	27.3	6.4
	Ck	16.3aA			556.1bA		
涿州	W1	20.2aA	0.70		611.3aA	13.5	
	W2	20.3aA	0.80	0.10	615.3aA	17.5	4.0
	Ck	19.5aA			597.8bB		
临漳	W1	17.1bAB	0.40		551.4abA	5.3	
	W2	18.3aA	1.60	1.20	566.9aA	20.8	15.5
	Ck	16.7bB			546.1bA		
平均	W1	18.2	0.66		567.6	13.2	
	W2	18.8	1.22	0.56	579.3	24.9	11.7
	Ck	17.5			554.4		

二、品种节水

选用节水品种是充分挖掘生物节水潜力的基础，不同品种间节水指数差距很大，但目前只有抗旱系数、抗旱指数评价体系，而节水指数的评价体系还不健全。因此，只能靠抗旱系数与指数、再结合外观长相与生产表现来选定节水品种。

首先选择抗旱系数与指数高的品种，在外观长相上以株型紧凑、株高中等、旗叶短小上举为好；同时还要成穗率高、穗粒数较多且稳定，灌浆早而快、库容量大、熟期中等不过早。不要选择株型松散、叶片下披、灌浆高峰后移的品种。

三、晚播增量

小麦整个生育期耗水量由叶面蒸腾量和棵间蒸发量两部分构成，其中叶面蒸腾占60%~70%，棵间蒸发占30%~40%。在冬小麦生长期，叶面蒸腾与棵间蒸发的变化互为消长，小麦苗期叶面积系数较小，麦田大部分尚未被小麦叶遮蔽，棵间蒸发大于植株蒸腾，棵间蒸发量占同期耗水量的60%~70%。适期晚播，一是缩短无效蒸发量大的冬前时间，二是可增播量、增加初生根量。

秋季整地后，耕层土壤疏松，蒸发量迅速提升，而整地前，由于秸秆覆盖等原因，蒸发量较小，适当推迟整地时间，待气温下降、蒸发量减少后整地播种，利于保持土壤水分。因此，适当晚播缩短苗期可减少前期耗水量，为生育后期留下较多可利用的土壤水，利于提高水分利用效率。同时适当晚播可以延长玉米生育期，使玉米充分成熟，提高了夏玉米产量，从而也增加了周年水分生产力。

利用小麦初生根下扎较深，充分利用深层墒，是节水栽培的基本原理。而小麦初生根的条数一般为每粒种子3~5条，多者达7~8条，其发生数量和种子大小有密切关系。适期晚播、增加播量，在单位面积内增加种子数量，也就相应增加了初生根数量，利于实行节水栽培。

据2011—2014年田间试验表明，小麦适期晚播对2米土体储水量影响以越冬期监测效果较为明显，适期晚播比适时播种的2米土体多储水6.9方/亩（表6-6）。越冬期之后，效果呈递减的趋势。

表 6-6　小麦晚种、适时播种 2 米土体储水量对比（立方米）

年份	处理	播种前	越冬期	返青期	收获期
2011—2012 年	晚种	365.1	379.4	339.0	274.9
	适时播种	366.8	373.6	338.7	271.6
2012—2013 年	晚种	376.3	352.1	347.8	311.0
	适时播种	374.2	344.6	345.5	309.2
2013—2014 年	晚种	376.5	336.2	327.0	250.1
	适时播种	376.0	328.9	317.5	246.5
平均	晚种	372.6	355.9	337.9	278.7
	适时播种	372.3	349.0	333.9	275.8
对比		0.3	6.9	4.0	2.9

从小麦节水效果来看，在 2012—2013 年小麦晚种与适时播种生育期耗水量相比几乎无差异；在 2011—2012 年和 2013—2014 年度，晚播小麦较适时播种的全生育期耗水少 1.8~3.6 方（表 6-7）。

表 6-7　不同播期耗水量差异比较（立方米）

年份	处理	收获期	差值
2011—2012 年	晚种	274.9	3.3
	适时播种	271.6	
2012—2013 年	晚种	311	1.8
	适时播种	309.2	
2013—2014 年	晚种	250.1	3.6
	适时播种	246.5	

各地可掌握在冬前积温 450℃左右，小麦冬前可达 4 叶 1 心时播种。

四、播后镇压

小麦播后强力镇压，不但可起到抗寒作用，还可抑制土壤水分蒸发，起到保墒作用。强力镇压试验表明，对 0~200 厘米土体有明显的保墒提墒作用。从生育时期来看，以小麦越冬期和返青期表现最为明显，镇压后的 2 米土体储水量比不镇压的多 17.3 立方米 / 亩和 10.5 立方米 / 亩（表 6-8），说明小麦播后镇压，保墒贮水时效可延至返青期。

表 6-8　播后镇压各生育期 2 米土体储水量对比（立方米）

年份	处理	播前	越冬	返青	收获
2012 年	镇压	360.5	380.2	348.2	262.4
	不镇压	357	361.9	341.4	263.4
2013 年	镇压	376.5	357.1	342.9	312.1
	不镇压	374.3	341.3	336.4	309.3
2014 年	镇压	373.2	345.1	331.2	254.8
	不镇压	370.3	327.3	312.9	250.4
平均	镇压	370.1	360.8	340.8	279.8
	不镇压	367.2	343.5	330.2	277.7
对比		2.9	17.3	10.5	2.1

小麦播种后出苗前，待表层土壤水分适宜时（不造成挤压土壤成板块时），用每延米重量 100~130 千克的镇压器进行镇压。

五、等行全密

缩小行距、等行条播：一是可以增大个体间距、使个体发育充分，增加土壤水分、养分利用率，提高冠层光截获、降低漏光率，毕竟水分、养分、光照在田间是均匀分布的；二是抑制田间杂草，漏至地表的光越多，杂草越繁茂；三是降低棵间水分无效蒸发。小麦播种至返青期间，田间耗水以棵间蒸发为主，占此时段耗水量的 60% 以上。在相同播量情况下，等行全密种植的保墒作用在越冬期至返青期效果较好，其中越冬期的 2 米土体储水量比三密一稀的多 7.0 立方米 / 亩，返青期多 5.5 立方米 / 亩（表 6-9）。

表 6-9　小麦全密、三密一稀不同生育期 2 米土体储水量（单位：立方米）

年份	处理	播前	越冬期	返青期	收获期
2012 年	全密	363.7	349.8	332.9	281.5
	三密一稀	364.0	339.4	328.5	278.7
2013 年	全密	373.3	359.3	345.3	310.9
	三密一稀	373.5	353.7	343.9	308.5
2014 年	全密	375.2	340.9	317.1	254.2
	三密一稀	372.6	335.9	306.4	249.4
平均	全密	370.7	350.0	331.8	282.2
	三密一稀	370.0	343.0	326.3	278.9
对比		0.7	7.0	5.5	3.3

目前以不大于 15 厘米等行距播种为好，随着播种机性能的提高，也可采用 7.5 厘米等行距、匀播等形式。

六、春灌一水

春季灌水目的除保证小麦水分供应外，主要是促控群体、调整亩穗数，使其达到理想群体结构。因此这一水要根据群体和降水情况，看天、看地、看苗灵活掌握。一般在起身拔节期进行灌水，灌水量掌握在不小于 80 立方米 / 亩既可，在做畦为长条形的麦区，畦的大小一般能满足灌水量 80 立方米 / 亩以上的要求；在做畦为方畦的麦区，畦的大小多满足不了灌水量 80 立方米 / 亩以上的要求，应适当加大小畦面积，增大至 80 平方米左右为宜。水肥管理时，地力稍差，苗情为二、三类苗的麦田在起身期实施春一水；地力较壮，苗情为一类苗的麦田在拔节期也实施春一水。

第七章 冬小麦抗逆减灾

河北地区属典型的大陆型季风气候，小麦生长季节，气象灾害复杂多样，除频发旱灾外，还有暖秋、早霜冻、越冬期提前、冬前长时间雾霾、越冬期冻害、倒春寒、风灾倒伏、干热风、雹灾、收获期阴雨湿害等。任何一种气候灾害出现，都有可能对生产带来重大损失。

第一节 冬前逆境与应对

一、暖秋

（一）暖秋为害

冬前气温偏高或越冬期推迟即为暖秋年份。近年来，随着大气温度的上升，冬前≥ 0℃的积温呈增加趋势，出现暖秋的概率也呈增加趋势。遇暖秋年份，会导致小麦冬前旺长，甚至冬前拔节，穗分化超过二棱初期；植株无很好的炼苗过程，养分积累少，抗冻性差。遇突然降温，麦苗极易冻死。俗话说："麦无两旺"，旺长田麦苗即便越冬期间大部分未被冻死（图 7-1），冬后也很难恢复至正常水平。

易受暖秋为害的主要是中南部、尤其南部种植半冬性或偏春性品种的地区以及播期过早、播量过大的麦田。2004年是个典型的暖秋年份，邯郸地区受灾严重，不少引种的河南豫麦系列、温麦系列、周麦系列品种被冻死（豫7832冻害最重）。当年，种植春性较强的石麦12也发生了严重的冻害。

图7-1　冬前旺长麦田越冬后长相

（二）暖秋为害的预防与应对

首先，要选种与当地冬性相适应的品种，避免盲目引种，尤其自南向北大跨度引种。小麦品种有明显的区域适应性，甲地表现优良，在乙地就不一定是好品种，应尽可能选用本地区或同纬度地区培育的品种。本地区培育的品种，在数年选育过程中会对其适应性有深刻了解，这点，在品种审定（认定）过程中2~3年的区域试验或引种试验是无法比拟的。其次，要严格控制播期与播量，冬前主茎叶龄不超过7片为宜。各地均可根据气象资料统计出当地的最佳播期与最早安全播期，不可过早播种，同时做到以播期定播量。凡是播期过早、播量过大的麦田，遇暖秋年份很容易出现问题。再次，适时控旺。遇暖秋年份，小麦有旺长现象时，需及时采取中耕断根、镇压或喷施生长抑制剂等措施来控制旺长。采取镇压时需注意有霜冻、露水未干时不可镇压，防止伤苗；冬前旺长的麦田，适时灌冻水，并全田撒施有机肥进行“盖被”处理。

二、早霜冻害

（一）早霜冻为害

小麦幼嫩的第一、第二片真叶出土时易受早霜冻为害，3 叶期后则无大碍。受冻害的典型症状是叶片近地表处在夜晚平流霜冻影响下出现黄色、白色或红褐色萎缩的失绿组织。失绿组织因冻害程度不同，呈斑块状或环状（图 7-2），大小各异。失绿组织中维管束未失去功能，故发生霜冻时离地表较远的叶组织仍正常活着；多日出现霜冻，失绿组织在叶片上会断续状分布。适期播种麦田，受此类霜冻为害的概率为 20% 左右，浇出苗水的晚播麦、播种过深的麦田受害概率 >50%。早霜冻对产量影响较小，其主要为害是使幼苗期麦苗丧失部分光合面积，导致弱苗、分蘖推迟、分蘖减少。

图 7-2　早霜冻为害症状

（二）早霜冻的应对

整地要上虚下实，防止整地过于疏松，造成播种过深，幼苗晚出土，苗后细弱而受冻害。适期播种，播种晚，幼苗期遇霜冻的几率会大大增加。足墒播种，培育壮苗也是抵御早霜冻害的有效举措。发生早霜冻害后，应采取锄划、破板结等增温保墒措施来促进麦苗生长。

三、雾霾

（一）雾霾为害

冬前长时间雾霾可对小麦造成严重不良影响。雾霾导致寡照会使光合作用受阻，光合产物减少，养分累积不足。一方面植株长势细弱，分蘖减少，冬前群体偏小；另一方面是抗冻性降低（图 7-3），如遇入冬时降温剧烈，就易造成死苗。2015 年冬前河北省不少地方出现了长达数月的严重雾霾天气，甚至多日雾霾全天不散。当年，适期播种的小麦冬前分蘖较常年偏少 1~2 个；越冬初期，中北部整地播种质量差或播种浅的麦田出现了点片死苗，邢台以南种植弱冬性或偏春性品种地块冬后出现了大面积死苗（图 7-4），雾霾导致冬前分蘖减少还会影响来年亩穗数。

图 7-3　2015 年初冬石家庄地区试点一河南品种表现

图 7-4　2016 年春邯郸地区死苗严重麦田（郑新民摄）

（二）雾霾的应对

选种抗冻性好的品种，切勿大跨度由南向北盲目引种；足施底肥，严把整地与播种质量关；足墒播种，培育冬前壮苗；适期灌冻水；冬季有机肥“盖被”。对于冬季冻害较重的麦田，若亩茎数超过 30 万，不必毁种，但应从返青初期即开始管理。早春及时采取锄划保墒促分蘖措施；水肥管理也适度提前，且要一促到底。

第二节　冬春季逆境与应对

一、干旱

（一）干旱为害

河北省麦季干旱少雨，降水量只占全年的1/5~1/3。从20世纪60年代起，河北省冬春季降水呈减少趋势，无降水日数增加，极端干旱发生的频次也呈增加趋势。目前，河北平原单位耕地水资源已不足210立方米/亩，是世界平均水平的近1/12，全国平均水平的1/9。全省冬麦区均处在自然水分亏缺率风险指数中高值区；水的问题已成为了河北冬小麦种植分布、高产稳产及种植效益高低的主要影响因子之一。

首先，干旱影响着小麦种植分布。小麦种植越来越集中于地下水资源相对丰富、灌水成本相对较低的灌溉农区，使得地下水超采问题更加突出。近年来，随着地下水位降低、沧州市及衡水市等地约6万平方千米漏斗区的形成，加上有河皆干、有水皆污，使得小麦种植面积出现了萎缩态势，尤其是黑龙港地区，不少农民因水的制约而不愿再种小麦，国家每年拿出大量资金补贴来压缩小麦面积，控制地下水超采；一些积温上本可以种植冬麦的地方如西部山地丘陵和滨海平原，亦多因水的问题，小麦播种面积已不足当地耕地面积的10%。其次，水资源紧缺已成为了部分地区小麦高产稳产高效的主要限制瓶颈。在滨海平原及西部丘陵无灌溉条件的地方，小麦产量普遍在200千克/亩左右，少有300千克/亩以上地块，扣除种子、农药、化肥、机耕等物化成本后，收益所剩无几。在黑龙港的一些地区，虽有地下淡水，但埋深超过了300米，每次灌水成本在60元/亩以上，甚至过百，灌溉支出很高，使得种麦收益大打折扣。

干旱对小麦生长发育的影响也是显而易见的。秋季干旱，常影响播种和正常出苗，冬前适宜群体的形成；冬季干旱，不仅可造成整地、播种质量差的麦田死苗或形成弱苗，还会加重冻害为害（图7–5）；春季干旱，即可影响适期返青、春生分蘖形成以及次生根发育（春季分蘖节若居于干土层中，次生根需依赖水的刺激而生出），还可降低分蘖成穗率，致使亩穗数不足而严重减产；中后期干旱，不仅会造成抽穗不畅、叶片萎蔫（图7–6），光合作用受抑；小穗、小花败育，穗小粒少；植株早衰，粒重降低，同时还会影响籽粒品质。2008—2009年冬春季，一场特大旱灾袭击了包括河北省在内的黄、淮海多个小麦主产省，全国耕地受旱面积达2.76亿亩，作物受旱面积1.36亿亩，其中重旱为3981万亩，干枯为394万亩。当年，我国启动了建国以来首次Ⅰ级抗旱应急响应。

图7-5　2008—2009年冬春严重受旱田返青期长相

图7-6　抽穗期干旱对小麦影响

（二）旱灾的应对

选抗旱系数接近1、抗旱指数>1的品种；用具有刺激根系发育、兼防根腐与纹枯病的种衣剂（如吡虫啉+三唑类杀菌剂）种子包衣。还田秸秆粉碎要细，防止架空种子。要足施底肥，利用好以肥代水、水肥耦合技术，同时底肥中加入0.75千克/亩的交联聚丙酰胺（保水剂）或含量>20%的黄腐酸钾10千克/亩。旋耕深度应>15厘米；整地要细碎，上虚下实，无大坷垃；旋耕2~3年后最好在旋耕前深翻或深松1次，以打破犁底层、增加土壤蓄水保墒能力。要选择具有镇压装置的播种机，足墒播种，严格控制播期与播量；播期过早、播量过大也是加重旱灾为害的重要因素；采取地膜覆盖栽培是抵御冬春季干旱的有效措施。保水保肥性差的沙质土壤以及黄苗田、弱苗田要适时灌冻水。遇到冬春季严重干旱时，春季要根据苗情、土壤墒情和灌溉条件科学抗旱、分类管理。对于气候干旱而土壤不旱的正常麦田，浇过冻水的可采取锄划保墒措施，未浇冻水的可采取镇压保墒措施，第一次浇水追肥可适度提前至返青后期至起身初期。因旱灾苗情差或死苗重的，应在返青期气温>3℃后，开始浇水追肥；若播期早、播量大、枯叶较多的麦田，灌水前需用耙子搂除干叶；浇水时应浇小水，以当天能渗完为准。对于土壤失墒较重，但无严重死苗、死蘖的麦田，可在返青期浇小水补墒，但不需追肥。水利条件差的地区开始浇水的时间要适当提前。无论哪种麦田，均不应忽视起身后期至拔节初期的灌水。拔节以后，要视天气状况及土壤墒情再灌水 1~2 次。

河北省小麦耗水占全省农业耗水的 70% 左右，干旱已成为河北小麦上常态化的气象灾害，生产上不仅要积极主动的利用品种节水、农艺节水措施来防御干旱，还应加强农田水利设施建设（图 7-7 和图 7-8），利用设施节水、设施抗旱来提高抵御干旱的能力，同时做好管理节水工作，实现水资源的可持续利用。

图 7-7　喷灌

图 7-8　微喷（王学清摄）

二、冬季冻害

（一）冻害的成因与为害

冬季冻害主要指小麦进入越冬期后分蘖或整株被冻死、造成减产乃至绝收的情况，河北省南部冬小麦少有带绿越冬发生。小麦冻害从气候特点上可分为提前入冬型、入冬剧烈降温型、冬季长寒型、旱冻交加型、融冻型、综合型等；按冻害发生时间有初冬冻害及越冬期间冻害。其空间分布情况为：长寒型冻害主要发生在唐山市、秦皇岛市、廊坊市及保定市西北部地区，南部地区发生少；旱冻交加型在中南部地区及黑龙港地区发生频率高，在北部唐山市、秦皇岛市、廊坊市等地发生频率相对较低；其他类型冻害各地均有发生。无论出现哪种冻害，均是由麦苗内在抵御严寒力差及外界环境、气候不良共同作用的结果。20 世纪 90 年代期间，河北省冻害发生频率较低，但自 2000 年后中南部地区冻害发生频率呈上升趋势，且以入冬剧烈降温型冻害和融冻型冻害为主。

提前入冬、入冬剧烈降温型冻害均为初冬冻害，由骤然强降温引起。进入 11 月，若最低气温骤降 10℃左右，达 -10℃以下，持续 2~3 天，小麦幼苗未经过抗寒锻炼，抗冻能力较差，极易形成此型冻害。品种选用不当；播期早与播量大的麦田，暖秋年份冬前旺长；入秋后雾霾严重；因肥料质量、整地质量、病虫害重发等原因形成的弱苗田易受该类冻害影响。如 2004 年的暖秋，使河北省南部 3.3 万公顷小麦严重受冻；2009 年 11 月 8 日，河北省中南部部分地区突降大雪，石家庄地区降雪创历史之最，当年小麦提前进入越冬期，不少小麦品种被冻死绝收，均属该类型。长寒型冻害发生于越冬期间（12 月初至翌年返青），若出现长时间低于临界致死低温天气，就会造成冻害；且温度越低、持续时间越长，致死率越高。不同春性类型的品种及苗情、导致死苗的临界低温不同，强冬性品种分蘖节处 -16~-12℃、冬性品种 -14~-10℃、半冬性 -12~-8℃时就可造成冻害（壮苗取下限）。有资料报道，强冬性品种 1 小时的半致死低温是 -21℃，冬性品种在 -22~-21℃之间，弱冬性品种在 -18.5℃上下，春性品种在 -15℃左右；在此基础上，温度每降低 1℃，死苗率一般增加 13% 以上。旱冻交加型冻害 2008—2009 年度最为典型；干旱可加重冻害为害，而冬灌、增加土壤湿度，当冷空气入侵时可使分蘖节处最低温度提高 2~4℃，利于抗冻。交替融冻型冻害也发生于越冬期间，当小麦正常进入越冬期后又遇回暖天气，气温忽然增高，土壤解冻，幼苗又开始缓慢生长，抗寒力减弱，若此时再遇突然大幅度降温，尤其是气温降到 -15~-13℃时，就会发生比较严重的冻害。

在栽培环境方面，主要是种植在低洼处小麦易被冻死，这类地块，冬季遇极端低温时，冷空气滞留时间明显偏长。

致使麦苗御寒力差的情况复杂多样，如品种跨区种植，种植品种偏春性、抗冻性差（图 7-9）；秸秆还田整地质量差；施用含有害物质的肥料，造成冬前弱苗

（图 7-10）；播种过浅；播期过早和播量过大（图 7-11）；暖秋年份冬前旺长，如半冬性品种冬前主茎叶龄达到或超过“7”就易受冻；越冬期提前使麦苗无充分炼苗及养分积累时间；冬前雾霾严重、寡照，使用于越冬的光合产物积累减少；因根腐、纹枯、全蚀及病毒病等侵染形成了病弱苗，感黄矮病、丛矮病株多不能安全越冬。近年来出现的大面积冻害多与品种有关，种植品种偏春性化、南部地区盲目引种河南品种、定泊线以北种植冀中南品种，是发生这类事故的主要原因。

图 7-9 品种抗寒性差造成越冬死苗

图 7-10 劣质肥害田冬后长相

图 7-11 播期早、播量大麦田冬后长相

（二）冻害的应对

不跨区引种，在不了解新品种对当地气候适应性情况下不盲目求新；选可适度控制地中茎伸长的种衣剂种子包衣；秸秆粉碎要细；足施底肥、平衡施肥；第二遍旋耕时应选用额外装有镇压辊的旋耕机旋耕，使整地做到上虚下实；要以品

种定播期，以播期定播量，严格控制播期与播量，播种期不得超越当地最早安全播期；播种深度不宜<3 厘米；播后做好镇压与擦耙；苗前及时清理麦田及田边地头杂草和传毒媒虫（灰飞虱、蚜虫），防止感染病毒病；有旺长趋势的麦田及时采取锄划断根、镇压或喷施 100~150 毫克 / 千克的多效唑控旺；质地较差的地块（黏土地、沙土地）与中北部麦区要适期灌冻水；越冬初期用有机肥“盖被”。当发生越冬冻害后，视冻害程度区别对待，对于亩茎数不足 30 万的可以考虑毁种，对亩茎数 >30 万的，春季要提早水肥管理，且要一促到底。

三、晚霜冻害

（一）晚霜冻为害

河北省冬小麦自返青、恢复生长后至 4 月中旬，每年都可能遇到程度不同、次数不等的平流或平流辐射型复合霜冻，约 5~7 年发生 1 次较严重的晚霜冻害。且倒春寒发生越晚，小麦对低温越敏感，形成冻害的临界低温越高，为害也越大。3 月底前的早春霜冻，通常症状轻，主要是叶尖或心叶出现症状，有时受冻的麦田叶尖紫红色（图 7–12）或全田黄苗，有时受冻心叶长出后叶尖发黄、扭曲干枯（图 7–13），对产量影响较小。进入 4 月、开始拔节后，小麦对低温敏感度会明显增加，拔节 1~5 天内最低气温 –2.5~–1.5℃、拔节 6~10 天内最低气温 –1.5~0.5℃、拔节 10 天后最低气温 –0.5~0.5℃时就会造成为害（表 7–1）。拔节后 10~15 天是小麦雌雄蕊分化期，耐寒力最差（即低温敏感期），此时出现低温，极易形成严重冻害；故人们通常关注的主要是拔节期间晚霜冻害。这期间晚霜冻，轻则将叶片叶尖冻死，重则将心叶冻死而影响抽穗（图 7–14）；更晚的霜冻可能冻伤麦穗，出现白穗（受冻害麦穗初期整穗或局部黄绿色）、不孕小穗，甚至死苗、死茎等。拔

图 7–12　晚霜冻致叶尖紫红（引自网络）

图 7–13　晚霜冻致叶尖死亡

节后温度低至 -6℃，80% 以上的品种麦穗会出现结冰冻伤现象，但河北省小麦发育进程较迟，罕见河南省那样冻伤麦穗的情况（图 7-15）。历史上，河北省廊坊市个别县曾在 5 月初发生过低于 0℃的霜冻；近年来，冀中南最晚出现的晚霜冻是 2013 年 4 月 19 日，石家庄市及周边一些地区白天降中到大雪，好在傍晚降雪终止，除部分麦田麦苗被雪压倒外（图 7-16），并未造成严重冻害。

图 7-14　晚霜将心叶冻死

（石家庄，2004）

图 7-15　晚霜冻对麦穗为害

（引自王志敏资料）

图 7-16　2013 年 4 月 19 日石家庄市降雪后麦田

表 7-1　小麦不同程度晚霜冻害温度指标（℃）

拔节后天数		1 ~ 5d	6 ~ 10d	11 ~ 15d	>16d
轻度	最低气温	−2.5 ~ −1.5	−1.5~ −0.5	−0.5 ~ 0.5	0.5 ~ 1.5
	最低地温	−4.1 ~ −3.1	−3.1 ~ −2.1	−2.1 ~ −1.1	−1.1 ~ 0
	最低叶温	−5.5 ~ −4.5	−4.5 ~ −3.5	−3.5 ~ −3.0	−3.0 ~ −1.0
重度	最低气温	< −2.5	−2.5 ~ −1.5	−1.5 ~ −0.5	−0.5 ~ 0.5
	最低地温	< −4.1	−4.1 ~ −3.1	−3.1 ~ −2.1	−2.1 ~ −1.1
	最低叶温	< −5.5	−5.5 ~ −4.5	−4.5 ~ −4.0	−4.0 ~ −1.5

（张雪芬等，2009）

（二）晚霜冻的应对

冻害程度除了与小麦品种抗寒性、发育进程、长势有关外，与环境也密切相关。前期温暖而再遇低温冻害重；保水保肥力差的沙土地冻害重于壤土与黏土地；地势低洼处冻害重于平地和坡岗地，2007 年 4 月初石家庄市以南栾城、赵县、宁晋受晚霜为害，宁晋一带受灾较重就与其地势较低有关；同一地块，整地质量好、苗壮的地方冻害轻，秸秆还田时整地质量差的冻害重；同株小麦，主茎幼穗较大蘖、小蘖的幼穗易受冻害。有资料报道，土壤、空气干燥时冻害重，并认为霜冻到来前及时灌水可减轻冻害（图 7–17），但据笔者观察：第一、含水量高的幼嫩心叶易受冻害；第二、若喇叭口处凝结露水反而加重霜冻为害，在这种情况下，心叶自喇叭口处以上会被冻死，冻死的心叶初期水浸状，进而干枯影响新叶生出乃至抽穗。对于晚霜冻害，目前尚无很好的方法予以防御，但发生晚霜冻害后，未浇水的麦田应及时追肥、浇水，促进生长；心叶冻死影响新叶生出或抽穗时，人工挑开。

图 7–17　晚霜冻到来前灌水（左）与否之区别（引自网络）

第三节　后期逆境与应对

一、倒伏

（一）小麦倒伏特性与为害

小麦孕穗后，随着生育进程延续、重心渐高，越近成熟，越易受外力作用而倒伏。尽管小麦居间分生组织幼嫩时含有趋光生长素，使茎秆有背地曲折生长习性，但随着倒伏期推迟，可发生背地曲折生长的节位会渐次上移。孕穗期倒伏，曲折部位为基部第二节，茎秆绝大部分能恢复直立生长；抽穗期倒伏，曲折部位为基部第二、第三节，茎秆大部分会恢复直立生长；开花至乳熟期倒伏，曲折部位为第三节至第四节，茎秆中上部可恢复直立；乳熟至腊熟期倒伏，仅第四节或穗茎基部有曲折生长；腊熟期后则失去曲折生长能力。小麦倒伏，基本都是自茎基部倒折（图7-18），故基部第一节至第二节长度、粗细、髓腔直径、秆壁厚度等机械组织发育状况对抗倒力有显著影响，尤其第二节。通常第一节长度< 5 厘米、第二节< 10 厘米的品种具有较好的抗倒能力，第一、第二节长度分别> 10、15 厘米的抗倒力差；基部节间粗壮、髓腔直径小、秆壁厚度大的抗倒力好。小麦倒伏，不仅影响产量、机收，还加重白粉病、纹枯病等病害发生；严重时倒伏麦穗可霉变或穗发芽，影响籽粒品质。小麦开花期倒伏，对产量影响最大，平铺倒伏可减产 26% 左右；其他依次为灌浆始期、中期和后期，分别减产 21%、10%、4% 左右；倾倒依次减产 9%~2%。种植株高 80 厘米以上较高品种，茎秆细弱、基部节间较长品种，茎秆机械组织发育差或易感纹枯病（图 7-19）、茎腐病（图 7-20）品种；种子纯度差，含大量野杂麦或禾本科杂草（图 7-21）；播期过早、播量过大；春季水肥管理偏早致使基部节间长度失控，且分蘖过多、群体过大；渠灌区单次灌水量过大；灌浆后期刚浇水麦田等，遇暴风雨均易发生倒伏。

（二）小麦倒伏的应对

小麦倒伏是品种缺陷、管理不当及气候原因共同作用的结果，生产上应以防灾为主、补救为辅来应对。第一，宜选种株高适中、茎秆弹性强、基部节间粗壮及抗

图 7-18　倒伏麦田

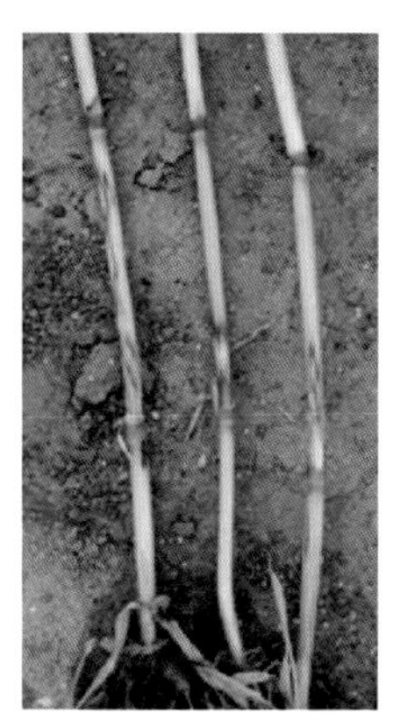

图 7-19　茎秆感纹枯

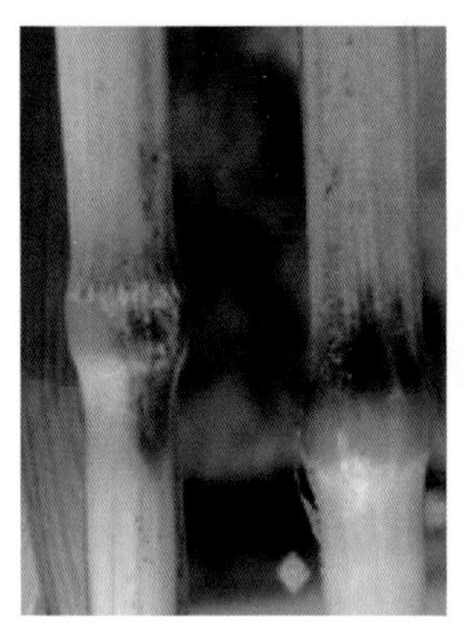

图 7-20　茎节感茎腐病

图 7-21　野杂麦繁茂麦田

纹枯病、茎腐病的品种；通过旱地组区试审定的品种，抗倒伏性状对水肥敏感，灌溉农区慎种。第二，要适期晚播，严格控制播量，通常播期早的倒伏风险也相对较高。第三，返青期适度镇压。起身期喷施多效唑、“吨田宝”等生长调节剂化控降秆；需注意喷施化控剂，要坚持宁漏喷、勿重喷的原则，防止因药害减产。起身期喷施烯效唑、戊唑醇等三唑类杀菌剂，不仅可在一定程度上防控根腐、纹枯与全蚀病，也有使基部节间变短，株高降低、重心下移、预防倒伏之作用。第四，正常麦田、土壤墒情尚可时，应避免返青至起身中期灌水追肥，渠灌区每次灌水时不可水量过大。第五，抽穗后，人工薅除野杂麦及禾本科杂草，大量野杂麦与禾草不仅影响产量，也极易引发倒伏。第六，灌浆中后期需灌水时，河北省中南部麦区灌溉时间最迟应在 5 月末，冀东平原不迟于 6 月初。灌水过晚一是增产效果不明显，二是容易引发倒伏。

小麦在蜡熟期以前发生倒伏，因茎秆尚具曲折生长能力，切忌采取扶麦或捆把措施，以免扰乱“倒向”，使背地曲折生长习性无法发挥，反而造成进一步减产。蜡熟期后倒伏，方可扶麦或捆把，这样做既便于机收，也可使麦穗雨后尽快晒干，防止籽粒霉变或穗发芽。

二、干热风

（一）干热风的成因与为害

气象上把高温低湿并有一定风速的日期称为干热风日（表 7-2）。干热风主要是使小麦蒸腾加强、破坏水分平衡，细胞原生质膜结构遭到破坏，电解质外渗量增多，叶绿素减少、光合能力下降，叶片与植株早衰。连续 2~3 天出现干热风就会对灌浆产生严重影响，使粒重显著降低而减产。轻者减产5%~10%，重则减产20%左右。河北省中南部麦区是干热风为害重区，干热风年平均日数≥6（重日≥2.5）、年平均次数≥1.5（重次数≥0.5）、出现年频率≥50%。干热风对小麦为害程度除取决于其强度、持续日数和发生时间及过程次数外，还受地形、土质、栽培品种和措施、水利条件、生育进程等影响。蜡熟期前后，干热风出现越晚，小麦根系衰老越重，受害亦明显；灌浆中期及以前，因根系吸收能力尚可，对干热风有一定抵抗力。水利条件差的地方以及丘陵地、沙质土壤、盐碱地和有机质含量不足的旱薄地，土壤易缺水，根系发育不良、植株长势弱，容易受干热风为害。“白籽”播种，种植易感纹枯、根腐病品种，秋冬春季雨水较多、土壤阴湿、病害较重时易受为害。河北省中南部麦区5月中下旬就可能受干热风为害，5月后半旬出现干热风，早熟品种、水肥不足麦田易受灾，晚熟品种、水肥充足麦田受影响相对小；而到了6月上旬末出现干热风，早熟品种可一定程度上规避影响，晚熟品种、贪青晚熟地块则受影响大。总体来看，河北省小麦在20世纪80年代前受干热风为害较大；80年代后，随着育种技术进步、灌溉条件改善和管理水平提高，干热风对小麦严重为害频次在高产区呈减少趋势。

表7-2 干热风为害的气象指标

为害等级	日最高气温（℃）	14时相对湿度（%）	14时风速（米/秒）
重干热风日	≥35	≤25	≥3
中等干热风日	≥32	≤30	≥2
轻干热风日	≥30	≤30	≥2

（二）干热风的应对

对干热风应采取生态防控、农艺防控、化学防控及设施防控等综合措施来控制其为害。对于灌溉条件差的地区，要加强农田林网、林带及水利设施建设，改善生态与灌溉条件，做到需要时可及时灌水。旱薄地、沙土地、盐碱地等要平衡施肥、增施有机肥，积极培肥地力，改良土壤理化性质。推广旋耕+隔年或越年深松与耕翻技术，克服长期旋耕、犁底层浅之弊端，提高土壤蓄水保墒能力。选择生育期与当地气候相适应的抗干热风或可规避干热风为害的品种，切忌盲目自北向南引种（由北向南引种，生育期延长）。选择可促根壮苗并高效防控根部病虫害的种衣剂种子包衣，杜绝“白籽”入地。翌年纯氮总追施量要控制在9千克/亩左右，防止用量过大，造成贪青晚熟。灌浆初期喷施 0.2% 的磷酸二氢钾、3% 的尿素、0.08%~0.1% 的石油助长剂（环烷酸钠）、0.1% 的氯化钙、0.01 毫克 / 千克的三十烷醇、300 毫升食醋或 50 毫升醋酸 / 亩对抵御干热风均有益。当天气预报有干热风为害时，及时提前浇“麦黄水”来改善农田小气候，使气温、地温降低，增加相对湿度；灌水对小气候的影响能维持 3~5 天，可有效缓解干热风来临时水分供需矛盾。有喷灌、微喷等设施灌溉条件的，也可在干热风来临时上午 8:00—10:00 许直接启动灌溉设施，每日灌水 2 小时，利用灌水降温提湿。

三、雹灾

（一）雹灾为害

河北省属夏雹多雹灾区，平均七八年农作物就会遭受一次较大雹灾。雹灾在河北省有明显的地域性，有些地方易发雹灾，这些地方俗称“雹线”。像冀西北的宣化、蔚县，冀东北的承德、平泉、隆化、卢龙，中部的满城、安国、徐水、蠡县及保定市，石家庄西部的鹿泉、赞皇、元氏、平山、井陉与赵县西南部，石家庄、邢台东部的藁城、无极、正定、栾城、辛集、深泽、宁晋、柏乡、新河、巨鹿，冀东地区的孟村、黄骅、河间，冀南地区的永年、成安、魏县、鸡泽、广平、曲周等均是易发生雹灾地区。尽管河北省雹灾主要集中在夏季，但历史上有纪录的雹灾却可早至农历 3 月，如 1605 年（明万历三十三年）的成安、1803 年（清嘉庆八年）的永年和 1870 年（清同治九年）的卢龙。近年来（2012—2015 年），河北省多地小麦曾遭受过雹灾为害，如 2012 年 5 月 29 日保定顺平；2013 年 6 月 10 日衡水武邑；2015 年 5 月 5—6 日石家庄赞皇，邢台市的临城、隆尧，邯郸市的邱县；5 月 17 日廊坊市固安；6 月 10 日保定市蠡县、定州，沧州市河间、肃宁等。可见，雹灾对小麦的为害是不容忽视的。雹灾对小麦的为害主要是机械损伤，轻则将叶片砸坏、部分麦粒砸落；重则将麦秆、麦穗砸断，麦粒、小穗几乎全部砸落（图 7-22），仅剩部分节片；雹灾伴随的暴风雨还可引起倒伏。

图 7-22　雹灾后小麦（董志水提供）

（二）雹灾的应对

雹灾后，预测亩产不足百斤或实测平均穗粒数不足 3.3 粒的可毁种其他作物。有保留价值的田块，灾后及时亩追 10 千克左右尿素，并浇水，以促进恢复生长；同时喷施杀菌剂防控赤霉病、锈病与白粉病。选用杀菌剂时，要注意安全间隔期（依据农药在作物体内降解速率和在农产品中最高允许含量所确定的最后 1 次施药时间至收获期需保证的最短间隔天数表 7–3）。

表 7–3　部分杀虫、杀菌剂在小麦上安全间隔期（天）

农药名称	安全间隔期	农药名称	安全间隔期
毒死蜱	20	烯唑醇	21
吡虫啉	20	戊唑醇	30
啶虫脒	14	丙环唑	28
灭多威	14	三唑酮	粉剂 20，乳油 30
溴氰菊酯	15	甲基硫菌灵	30
氯氟氰菊酯	15	咪酰胺	7
顺式氰戊菊酯	21	氰烯菌酯	21

四、后期阴雨

（一）后期阴雨的为害

后期阴雨为害主要有两种情况。一是灌浆后期遇“逼熟雨”，雨后乍晴，气温突然升高致小麦枯死，灌浆终止。河北省中南部 6 月上中旬，平均温度在 23.5~27℃，最高气温可达 40℃以上，此时降雨可使温度下降 7~12℃，高低温差超 20℃。短期内气温骤变及晴天后强烈蒸腾，加上雨后土壤板结、通气不良，本已衰老的根系生理机能进一步衰退，根腐病、纹枯病进一步加重，会使植株迅速失水，生理代谢功能遭受破坏而死亡。“逼熟雨”能造成小麦提早 3~6 天死亡，千粒重降低 3.5~6 克。感根腐病、纹枯病的小麦，根系发育差的矮秆小麦，以及种植在盐碱地、旱薄地或通透性差的粘土地上小麦易受“逼熟雨”为害；相反，抗根腐、纹枯病、根系发育健壮的品种，种植在土壤肥力高、活土层深厚的地块上，对“逼熟雨”抗性好。二是收获前降雨、高湿，经雨的小麦粒重、芽率、品质、观感下降，严重时会霉变、穗发芽（图 7–23）。穗发芽与品种基因型密切相关，具有 Tamyb10D、Vp-

图 7–23　小麦穗发芽

（引自网络）

图 7-24　遭麻雀啄食的麦穗（聂会芳提供）

1A3、Vp-1B3、PHS 等基因的抗性较好；护颖包裹籽粒不严（俗称“口松”）、胚乳中 α-淀粉酶活性高、GA（赤霉素，诱导 α-淀粉酶合成）含量相对较高、ABA（脱落酸，颉颃 GA 作用）含量相对较低、籽粒休眠期短的品种在条件适宜时易穗发芽。“口松”品种吸水快、不仅遇阴雨 3 天就可能穗发芽，还易遭麻雀啄食（图 7-24）。穗发芽籽粒商品价值会大幅降低。

（二）阴雨湿害的应对

预防“逼熟雨”为害应做到以下几点：第一，应选根系发达、抗根腐及纹枯病的品种，并用促根防病效果好的种衣剂包衣；第二，增施有机肥及钾肥、培肥地力，有机肥及钾肥在培育壮苗、抗旱防倒、减轻根腐病为害方面作用显著；第三，深松改土、打破犁底层，增加活土层厚度，提高土壤蓄水保墒能力及根系对深层养分、水分的吸收能力；第四，盐碱地、旱薄地应避免用高氯肥料作底肥与追肥；第五，灌浆初期根外追肥或喷施抗旱剂、生长调节剂防早衰，如喷施 2%~3% 的尿素、0.2% 的磷酸二氢钾、0.1% 黄腐酸等。预防小麦穗发芽的关键是选种抗穗发芽的品种。

品种介绍

高产广适小麦新品种—济麦 22

品种来源：山东省农业科学院作物研究所选育的国审小麦保护品种。

审定编号：国审麦 2006018 号。

品种权号：CNA20060015.X。

经营单位：河北乐土种业在河北独家生产经营。

特征特性：半冬性、中熟品种。幼苗半匍匐，叶色深绿，抗寒性好，分蘖能力强；株高 70~75 厘米，株型紧凑，旗叶上举，长相清秀，茎秆弹性好，抗倒伏能力强；成穗率高，穗纺锤形，长芒、白壳、白粒、硬质，籽粒饱满；亩穗数 43 万、穗粒数 36.6 粒、千粒重 43.6 克，产量构成三要素协调；高抗干热风，落黄好；免疫白粉病，综合抗病性好；容重 809 克 / 升，商品性好，综合品质优。

1. 适应范围广

济麦 22 先后通过国家审定和鲁、豫、皖、苏、津 5 省市审（认）定，种植范围涉及冀、鲁、豫、皖、苏、津等黄淮海冬麦区北片，适应范围广泛。

2. 产量水平高

2006—2016 年，10 年不同生态区域 90 点次大面积出现亩产 700 千克以上的高产典型，并多次打破全国高额丰产田单产最高记录。其中，2014 年 6 月在山东省商河玉皇庙镇，经农业部组织专家实打验收，亩产达 802.5 千克。

3. 综合抗性强

济麦 22 免疫白粉病，多穗抗倒，抗旱性强，抗寒性过硬，多地多年生产种植，没有发生严重倒伏、冻害死苗现象，是目前我国种植面积最大的冬小麦品种。截至 2016 年，全国累计推广面积达 2.35 亿亩。

矮秆冬性早熟小麦新品种—轮选 103

审定编号：冀审麦 2015001 号。

品种权号：CNA013722E。

品种来源：中国农业科学院作物科学研究所和河北省赵县农业科学研究所合作育成。

经营单位：河北乐土种业独家买断经营。

特征特性：冬性，幼苗匍匐；根系发达，抗旱性强，春季返青快；株高 70 厘米左右，株型较紧凑；生育期比对照早 1~2 天；穗层整齐，穗长方形，短芒、白壳、白粒、硬质；产量构成三要素：亩穗数 48 万穗左右，穗粒数 35 粒左右，千粒重 43 克左右；容重 800 克 / 升左右，综合品质好。

抗寒：抗寒性鉴定为冬性品种。2014—2016 年连续 3 年大田生产种植未发生冻害、死苗现象。

矮秆：株高 70 厘米，抗倒性强，不同年份、不同区域种植，无严重倒伏。

早熟：熟期比对照提早 1~2 天，年际间稳产性强。

高产：2016 年 6 月中国农业科学院科技管理局委托农业部专家在赵县南柏舍镇徐家寨对现代农业产业技术体系绿色增产攻关示范田实打验收，实收面积 3.5 亩，平均亩产 724.9 千克，刷新河北省小麦高额丰产田最高纪录。

石农 086

品种来源：石家庄大地种业有限公司最新育成的高产、稳产、品质优良冬小麦新品种，2014 年通过河北省审定。

审定编号：冀审麦 2014001。

一、特征特性

该品种属半冬性中熟种，生育期 243 天左右，比对照石 4185 晚 1 天。幼苗半匍匐，叶色深绿，分蘖力中等。产量三因素结构科学合理，亩穗数 43 万穗左右，穗粒数 33 个左右，千粒重 46 克左右，容重 816.6 克 / 升。成株株型紧凑，株高 73.2 厘米。穗长方型，长芒，白壳，白粒，硬质，籽粒饱满，容重高，商品性好，熟相较好。抗逆性强，适应性广。

二、优点突出

1. 高产稳产

2009—2013 年度参加冀中南水地组品种审定试验，平均亩产 530.25 千克，比对照石 4185 增产 5.21%。在 4 年 34 个试点中，平均产量据参试品种第 1 位，是唯一没有出现减产点的品种，也是河北省 2014 年冀中南水地组唯一通过审定品种。

2. 抗逆性强

（1）抗倒性。2010—2012 年 3 年预备试验和区域试验中均未发生倒伏。2012—2013 年度生产试验 8 个试点中，在大曹庄试点与对照石 4185 有同等级倒伏；粮油所试点有轻微倒伏；其他试点没有倒伏。

（2）抗寒性。经遵化国家农作物品种区域试验站2010—2012年两年抗寒性鉴定，该品种越冬死茎率平均16.3%、死株率6.05%（对照石4185死茎率29.8%，死株率5.85%），抗寒性明显优于对照。

（3）抗病性。经河北省农林科学院植物保护研究所抗病性鉴定，该品种免疫白粉病，高抗条锈、叶锈、叶枯、纹枯、黑穗病。

（4）品质优良。2013年农业部谷物品质监督检验测试中心测定，粗蛋白质（干基）14.64%，湿面筋31.1%，沉降值30.6毫升，吸水量57.6毫升/100克，形成时间3.0分钟，稳定时间4.2分钟，最大拉伸阻力315E.U.，延伸性152毫米，拉伸面积69平方厘米。

三、栽培技术要点

1. 精细播种

精细整地，足墒播种，播后镇压，播前种子包衣或药剂拌种。

2. 播期播量

适宜播种期10月5—15日，中高水肥地适宜基本苗20~22万/亩，晚播或整地质量较差的适当增加播种量。

3. 肥水管理

建议施用石家庄大地种业公司指定生产的石农小麦专用缓释肥，一次底施40~50千克/亩，春季不用再追肥。高产麦田浇好拔节和抽穗杨花两次关键水。底墒不足，整地质量和保墒能力差的麦田浇好封冻水。

4. 病虫防治

小麦抽穗后及时防治麦蚜，用杀虫剂+杀菌剂和叶面肥，做到一喷综防。在病虫害发生较重年份，最好喷施两次。

该品种适宜在河北省中南部中高水肥地块种植。

抗倒高产小麦新品种—石4366

审定编号：冀审麦2015003号。

品种来源：石4366由石家庄市农林科学院作物研究所选育，石家庄市万丰种业独家生产经营。

特征特性：该品种属半冬性中熟品种，平均生育期 242 天。幼苗半匍匐，叶绿色，分蘖力较强。亩穗数 45.95 万，成株株型较紧凑，株高 74.39 厘米；穗纺锤形，长芒，白壳，白粒，硬质，籽粒较饱满；穗粒数 33.27 个，千粒重 40.64 克，容重 788.44 克 / 升。籽粒含粗蛋白质（干基）13.57%，湿面筋 27.9%，沉淀指数 39.1 毫升，吸水量 60.4 毫升 /100 克，形成时间 6.6 分钟，稳定时间 10.7 分钟，最大拉伸阻力 577E.U.，延伸性 134 毫米，拉伸面积 102 平方厘米。熟相好，抗倒、抗寒性较强。

产量水平：2011—2012 年度冀中南优质组区域试验，平均亩产 504.2 千克。2012—2013 年度同组区域试验，平均亩产 503.1 千克。2012—2013 连续两年较对照都增产，两年均居审定品种试验第一位。2013—2014 年度冀中南生产试验，最高亩产 614.2 千克，平均亩产 537.5 千克，比对照增产 7.76%。两年区域试验及一年生产试验全部的试验点都增产。不同年份、不同地力都增产表明，石 4366 有超强的适应性和稳产性，产量与普通品种相当。

综合抗性：河北省农林科学院植物保护研究所抗病性鉴定，2011—2012 年度免疫条锈病，中抗叶锈病，中感白粉病；2012—2013 年度高感条锈病，高抗叶锈病，高感白粉病。

适应范围：河北省中南部冬麦区中高水肥地块。

栽培技术要点：冀中南适宜播期 10 月 1—10 日。适期播种，高肥水地亩基本苗 18 万左右；中等肥水地亩基本苗 20 万左右；晚播麦田应适当加大播量。全生育期氮：磷配比达到 1：0.8 左右。一般亩施纯氮 7~8 千克，五氧化二磷 8~10 千克作底肥。追肥在起身末至拔节初期一次施用，亩追施纯氮 6~7 公斤。根据苗情、墒情和天气情况确定浇水时间和次数。播前药剂拌种防治地下害虫及黑穗病；小麦抽穗后及时防治麦蚜。

抗寒、抗旱、抗病高产、稳产、质优—婴泊 700

审定编号： 冀审麦 2012001 号。

品种权号： CNA008157E。

品种来源： 河北婴泊种业科技有限公司选育。

一、特征特性

该品种属半冬性中熟品种，分蘖力较强，成穗率中等偏上。成株株型半紧凑，叶色深绿、茎秆有轻度蜡粉。旗叶偏小，厚挺上冲。平均株高 69.4 厘米。穗长方型，码密，结实性好，白粒，硬质，籽粒较饱满。亩穗数 41 万 ~53 万穗，平均穗粒数 30~38 个，千粒重 41~55 克，容重 800~830 克 / 升。籽粒粗蛋白（干基）14.14%，湿面筋 30.6%，沉降值 25.8 毫升，吸水率 61.4%，形成时间 3.2 分钟，稳定时间 3 分钟。各项指标均达到国标中筋小麦标准。高抗至中抗白粉病，高抗至中感条锈病，中感叶锈病。

二、品种优点

1. 高产稳产

2011 年，河北省生产试验最高亩产 649.51 千克。2012 年在播种晚，苗稀、穗少情况下，是当年同地块产量最高品种。2013 年大风大雨倒伏、未正常成熟年份，婴泊 700 增产显著，比同地块其他品种一般增产 50~100 千克。2014 年是历史性大丰收年，普遍比相邻品种增产 50 千克左右，保定市、沧州市、邢台市、邯郸市出现众多实收 675 千克以上高产地块，最高亩产 750 千克（宁晋东汪镇铺头村江小文）。2015 年白粉病、叶锈病、后期“杀麦雨”等多种不利气候背景下，全省大部分地区很多品种减产 50~150 千克，婴泊 700 仍然表现突出，普遍反映与大丰收年份 2014 年产量相当。

2. 抗寒性突出

2009—2010 年是严重冻害年份，该品种参加省区试抗寒性鉴定，在 80 多个品种中排名第二。

3. 节水抗旱

该品种抗旱指数 1.15。2011—2014 年在大曹庄农场三分场（沙壤土）连续 3 年全生育期只浇一水，亩产 450~577 千克。2015—2016 年连续两年在赵县韩村“一水千斤”示范田中，经石家庄农技中心专家组实打实收，亩产分别达到 536.36 与 568.75 千克。在 2014—2015 年农业部全国农技推广服务中心主持的黄淮冬麦区旱地组品比试验中（保证出苗情况下全生育期 0 水），该品种在 6 省 23 个试验站 36 个推荐品种中，平均亩产 424.9 千克，比对照晋麦 47 增产 15.2%，位居第一，最高亩产 625 千克。

4. 耐瘠薄

婴泊 700 是低氮高效品种。大曹庄农场果林分场是沙薄地，之前亩产 350~400 千克，自从种了婴泊 700，产量达到 400~500 千克。该品种在黑龙港流域沧州地区推广 3 年来，面积发展迅猛，2015 年已是许多县市如孟村、沧县等第一大品种。

三、栽培技术要点

适宜播期 10 月 5—15 日，基本苗 18 万 ~22 万 / 亩，晚播及低水肥地块酌情增加播量，目标穗数 40 万 ~50 万 / 亩。一次性施足底肥或拔节期适当追肥。足墒播种、提倡浇越冬水，适时预防防治赤霉病、蚜虫、吸浆虫等病虫害。灌浆期喷磷酸二氢钾、腐植酸类等叶面肥 2~3 次，可提高产量 25~50 千克。该品种抗旱性好，拔节至抽穗扬花期浇 1~2 水即可，浇 3 水无益。

邢麦 13 号

一、品种来源

品种来源：邢麦 13 号由邢台市农业科学研究院选育。

亲本组合：衡 9117-2 / 4589。

审定编号：国审麦 2016021。

经营单位：河北华丰种业开发有限

公司生产经营。

二、基本特征特性

半冬性，幼苗半匍匐，叶浓绿，分蘖力较强，分蘖成穗率高。株型偏紧凑，旗叶上举，穗层整齐度一致。穗纺锤形，长芒，白壳，白粒，籽粒角质、饱满度较好。落黄早，熟相好。亩穗数 48.3 万穗，穗粒数 35.3 粒，千粒重 38.4 克。

三、主要优点

1. 成熟期早

全生育期 241 天，成熟期较对照良星 99 早熟 2 天。

2. 抗寒性好

抗寒性鉴定，抗寒性级别 1 级。

3. 抗倒性突出

株高适中，株高 73~76 厘米，株型偏紧凑，旗叶上举，茎秆有弹性，在近几年示范种植中抗倒性表现突出，尤其在 2013 年生产示范中，全省普遍遭遇大风倒伏，而邢麦 13 号在邢台市隆尧，邯郸市磁县、临漳，石家庄市赵县、鹿泉、辛集等地近 9000 亩示范田中表现出了比当地其他品种抗倒性强之特点，受到众多农户喜爱。

4. 耐旱性好

这几年在全省示范种植过程中，分别按春 0 水、春一水、春二水（拔节水、灌浆水）与当地品种进行对比种植试验，经检测分别比对照平均增产 3.47%、2.55% 和 4.34%。

5. 品质优良

籽粒容重 796 克 / 升，蛋白质含量 15.38%，湿面筋含量 33.4%，沉降值 31.7 毫升，吸水率 60.4%，稳定时间 3.3 分钟，最大拉伸阻力 164E.U.，延伸性 181 毫米，拉伸面积 45 平方厘米。

6. 适应性广

适宜黄淮冬麦区北片的山东省、河北省中南部、山西省南部地块种植。

7. 产量高

邢麦13号2013年参加国家区试，17点汇总，17点增产，增产点率100%，比对照良星99增产6.8%，增产极显著。2014年继续参加国家区试，20点汇总，20点增产，增产点率100%，比对照良星99增产4.1%，增产极显著。2015年在生产试验中，10点汇总，10点增产，增产点率100%，比对照良星99增产5.4%。该品种在审定的黄淮冬麦区北片的山东、河北中南部、山西南部区域内排名第一。

四、栽培要点

做到足肥足墒播种，适宜播种期10月上旬。每亩适宜基本苗18~20万苗，根据播期调播量，提高播种质量。后期及时除芽，喷施叶面肥，增加粒重。注意防治赤霉病、白粉病等病虫害。

高产、抗病、节水、抗逆、抗倒小麦新品种农大399

审定编号：冀审麦2012004号。

品种来源：由中国农业大学和河北金诚种业利用分子育种技术，通过北京—石家庄、高邑穿梭育种选育而成。亲本组合：[（Torino×河农2552）×农大9516]×石4185。

特征特性：属半冬性中熟品种，生育期242天左右。幼苗半匍匐，叶色深绿，分蘖力较强。成株株型紧凑，株高68.2厘米。穗纺锤型，长芒，白壳，白粒，半硬质，籽粒较饱满。亩穗数40.2万，穗粒数34.6个，千粒重39.8克，容重801.4克/升。抗倒性强，2011年农业部谷物品质监督检验测试中心（哈尔滨）测定，籽粒粗蛋白（干基）14.14%，湿面筋33%，沉降值24.2毫升，吸水率57.8%，形成时间2.4分钟，稳定时间2分钟。

产量：2008—2009年度冀中南水地组区域试验平均亩产520千克，2009—2010年度同组区域试验平均亩产480千克。2010—2011年度生产试验平均亩产557千克。2015 年 6 月 15 日，国家“粮食丰产科技工程”项目管理办公室组织专家，对新乐市万亩小麦示范方中百亩公关田小麦农大 399 进行实打实收，随机连片抽取地块，平均亩产 689.55 千克。

抗旱性： 2014 年 6 月 6 日，河北省科技厅组织专家对吴桥县“旱作节水栽培技术”农大 399 示范田进行现场实打实收（播前浇底墒水，生育期内未浇水），平均亩产 609.82 千克。2015 年 6 月 11 日，石家庄市农业局组织专家对辛集市种植的农大 399、在采用“小麦一水千斤简化栽培技术”前提下示范田（足墒播种，亩播量 16.5 千克，50 千克缓释肥一次底施，播后镇压、春季浇水 1 次、不再追肥）测产验收，平均亩产 556.6 千克。2016 年 6 月 11 日，临漳县农业局组织专家对临漳县种植的农大 399、采用“小麦一水千斤简化栽培技术”示范田（晚播增量、播后镇压、春灌一水）进行实打实收，50 亩平均亩产 583 千克。

抗病性： 河北省农林科学院植物保护研究所抗病性鉴定，2008—2009 年度中抗白粉病，高感叶锈病和条锈病；2009—2010 年度中抗白粉病，中感叶锈病和条锈病。

栽培技术要点： 适宜播期 10 月 5—15 日，播种量 10~12 公斤 / 亩，适播期后每推迟两天亩增加 0.5 公斤播量。亩施磷酸二铵 25 公斤、硫酸钾 5 公斤作底肥，拔节期追施尿素 15 公斤 / 亩。浇好冻水、拔节水和灌浆水。种子进行包衣，及时防治田间杂草和蚜虫、吸浆虫。

推广意见： 建议在河北省中南部冬麦区中高水肥地块种植。

节水高产抗寒抗倒新品种中信麦 9 号

一、品种来源

品种来源： 中信麦 9 号（众信 5199）系河北众信种业科技有限公司以 D703 为母本，以邯 4589 为父本，通过有性杂交培育而成的一个多穗型品种，2015 年通过河北省审定。

审定编号： 冀审麦 2015006 号。

品种权号：20160049.1。2016年完成国家黄淮冬麦区中间试验程序，现已通过国家初审2016020。

二、主要特征特性

该品种属半冬性中熟多穗型品种，平均生育期243天，与对照邯4589相当。幼苗半直立，越冬性好，叶色深绿，分蘖力强，成穗率较高。成株株型半松散，株高69.5厘米，抗倒性较强。穗纺锤形，长芒，白壳，白粒，硬质，籽粒较饱满。亩穗数42.0万，穗粒数33.3粒，千粒重40.3克。品质检测，籽粒容重813克/升，蛋白质含量13.29%，湿面筋含量28.4%，稳定时间5.5分钟。熟相好。抗寒性优于对照邯4589。

三、突出特点

1. 高产稳产

该品种2012—2013年国家预试位居第一名，增产点率100%。2013—2014年区试位居第一名，增产点率100%。2014—2015年区试，位居第一名，增产点率100%。2015—2016年生产试验，位居第一名，增产点率100%。4年试验，产量均位居第一名，增产点率100%，实现四连冠。已通过初审，是河北省第一个由企业报审的国家审定小麦品种。2016年6月12日，邯郸市种子管理站组织有关专家，对河北众信种业科技有限公司种植的“中信麦9号”高产创建田进行了实打实收测产，平均亩产706.4千克。

2. 抗倒性强

中信麦9号平均株高只有69.5厘米，茎秆弹性好，大田表现出较好的抗风、抗倒性能。

3. 节水抗旱

河北省农林科学院旱作农业研究所抗旱性鉴定，该品种平均抗旱指数1.121，抗旱性强（2级）；国家抗旱性鉴定，抗旱指数0.810~0.887，抗旱性4级。在冀州春季浇水1次情况下，产量达到了550千克。在保证出苗情况下全生育期0水，2013—2014年度黄淮冬麦区区试，平均亩产440.0千克，位居第一名，比对照洛旱7号增产6.9%，增产极显著；2014—2015年度同组区试，平均亩产443.3千克，位居第一名，较对照洛旱7号增产7.5%，增产极显著；2015—2016年度生产试验，平均亩产421.82千克（最高点457.9千克），位居第一名，比对照洛旱7号增产

6.0%。大田生产表现出了“一水不浇近千斤，浇一水超千斤”。

4. 抗寒性好

突出表现为不死苗、不干叶。河北省鉴定，抗寒性优于对照邯4589。国家鉴定，抗寒性Ⅰ级。

四、栽培技术要点

第一，适宜播期在10月上中旬(10月5—15日)。

第二，一般亩播量10千克左右，基本苗18万~22万/亩，晚播、秸秆还田及低水肥地块酌情增加播量。

第三，施足底肥，足墒播种，拔节至扬花期浇一至二水；及时做好“一喷三防”，防治病虫害。

广适节水高产双国审品种邯6172

一、品种来源

品种来源：邯6172由邯郸市农业科学院培育，亲本组合：邯4032/中引1号。

经营单位：河北众信种业科技有限公司获授权生产经营。

该品种曾获国家科学技术进步二等奖，是全国首位双国审品种，全国小麦十大主导品种，全国小麦五大亿亩品种，农业部、科技部重点推广品种，黄淮麦区换代首选品种。

二、主要特征特性

属半冬性中熟品种，全生育期238天，幼苗半匍匐，分蘖力中等，成穗率高，茎蘖长势强。株高75厘米，株型紧凑，茎秆弹性好，抗倒伏。穗纺锤型，长芒、白壳、白粒，硬质。亩穗数45万，穗粒数34个，千粒重42克，容重805克/升。

节水抗旱性突出。越冬抗寒性好。高抗条锈病，中抗叶锈病，抗白粉病。抗干热风，灌浆快，落黄好。籽粒粗蛋白质 13.86%，沉降值 27.4 毫升，湿面筋 31.1%，干面筋 9.4%，吸水率 57.2%，形成时间 4.0 分钟，稳定时间 5.3 分钟，评价值 54 分。

三、突出特点

1. 广适性强

邯 6172 适应范围广，先后通过冀、晋、鲁三省审定及国家黄淮海北片、黄淮海南片两次国家审定。审定编号：冀审麦 2001004 号、鲁农审字［2002］021 号、晋审麦 2002006 号、国审麦 2003013、国审麦 2003036。适宜河北省、河南省、山东省、山西省、陕西省、安徽省、江苏省等多省麦区种植，经全国多年、多地种植表明，邯 6172 是目前全国罕见的适应范围广泛的小麦品种。

2. 节水高产

邯 6172 冀、晋、鲁三省及国家黄淮海北片、南片区试连续 6 年产量位居第一名。1999 年、2000 年参加国家黄淮海冬麦区北片水地组区试，平均比对照增产 9.1%。2002 年参加黄淮海冬麦区南片水地早播组区试，比对照豫麦 49 号增产 8.1%（显著），2003 年续试，比对照豫麦 49 号增产 6.4%（极显著），2003 年参加生产试验，比对照豫麦 49 号增产 6.9%。该品种抗旱节水性能突出，抗干热风，灌浆快，落黄好。大田生产一般亩产 550~600 千克，高产栽培可达 650~700 千克。

3. 抗倒抗寒

邯 6172 株型紧凑，茎秆弹性好，株高 75 厘米，株高适中，大田表现出较好的抗风、抗倒性能。河北省抗寒性鉴定，越冬抗寒性好。

4. 抗病性强

邯 6172 高抗条锈病，中抗叶锈病，抗白粉病。

四、栽培技术要点

第一，适期播种。适宜播期为 10 月上中旬（10 月 5—15 日）。

第二，播量。一般亩播 10 千克左右、基本苗 18 万 ~22 万 / 亩为宜，晚播、秸秆还田及低水肥地块酌情增加播量。

第三，施足底肥，足墒播种，促冬前壮苗。

第四，保证起身拔节水，浇好抽穗扬花水，及时做好“一喷三防”，防治病虫害，适时收获。

抗寒高产大穗河农 6425

审定编号： 冀审麦 2009016 号。

品种来源： 由河北农业大学选育，亲本组合：河农 326/ 咸阳大穗 //// 品 39/ 河农矮 1 系 // 铁秆麦 /// 河农 326。

特征特性： 该品种属冬性中早熟种，生育期 249 天，比对照京冬 8 号早熟 1 天左右。幼苗半匍匐，叶片绿色，分蘖力较强。亩穗数 39.1 万左右，穗层较整齐。成株株型较紧凑，株高 76.0 厘米左右。穗纺锤型，长芒，白壳，白粒，硬质，籽粒较饱满。穗粒数 34.7 个，千粒重 42.1 克，容重 779.4 克 / 升。熟相中等。

品质好： 经农业部谷物及制品质量监督检验测试中心测定，粗蛋白（干基）13.51%，湿面筋 27.9%，沉降值 27.0 毫升，吸水率 60.3%，形成时间 2.9 分钟，稳定时间 1.6 分钟。

抗寒性强： 自 2009 年审定推广以来，河农 6425 田间未发生过一起冻伤、冻害事件，自定泊线开始向北至唐山市遵化县，多年种植实践，抗寒性突出，冷冬年份不减产。

抗干热风： 旗叶保绿时间长。小麦籽粒后期的营养供应主要由旗叶决定，当干热风来袭，旗叶保绿性差的话，灌浆停止，产量减少，本品种旗叶抗干热风能力强，同等环境下具有更好的持绿性，产量稳定。

抗倒性好： 该品种比一般冬性品种秆矮，茎秆柔韧性强，在以需增加播种量提高亩穗数的冬性品种种植区，增加亩穗数不倒伏，具有冬性品种和半冬性品种的优点。

产量表现： 2007—2008 年冀中北水地（优质）组两年区域试验，平均亩产 470.44 千克。2009 年同组生产试验，

平均亩产 469.32 千克。2015 年，北京市引种鉴定试验平均亩产 449.0 千克，比对照中麦 175 增产 5.8%。

栽培要点：播期，保定市北部、廊坊市南部麦区 10 月 3—8 日，廊坊市北部、唐山市及以北麦区在 10 月 1—5 日。适宜基本苗 22 万 ~25 万，适播期后每晚播 1 天，增加基本苗 1 万 / 亩。施磷酸二铵 25 千克 / 亩、尿素 15 千克 / 亩、氯化钾 10~15 千克 / 亩做底肥。施 15 千克尿素做春季追肥。浇好封冻水，春季浇水视天气和土壤墒情而定。播前进行种子包衣或拌种，后期及时防治麦蚜和白粉病。

适宜种植区域：适宜河北省中北部冬麦区中高水肥地及北京平原地区中高水肥地块种植。

矮秆大穗抗旱节水高产广适型小麦品种—观 35 简介

一、观 35 品种基本情况

观 35 是河北省农林科学院旱作农业研究所培育，通过了国家、河北省、山西省、湖北省、天津市 3 省 1 市的审（认）定，适宜在河北省、河南省、山东省、山西省、陕西省、安徽省、江苏省、湖北省、天津市 9 省、市推广种植，并已获国家品种保护权。该品种已推广 10 年，但经受住了多种自然灾害的考验，越来越受欢迎，依然有较好的发展前景。

该品种属半冬性中熟品种，生育期 240 天左右。幼苗半匍匐。叶片绿色，成株株型较紧凑，株高 67 厘米左右。穗纺锤型，长芒、白壳、白粒、硬质。穗粒数 37 个左右，千粒重 40 克左右，容重 781 克 / 升左右。分蘖力中等，穗层整齐，抗倒性较强，抗寒性好，熟相较好。

二、观 35 的六大突出特点

1. 抗旱节水

抗旱指数为 1.155，据国家小麦品种抗旱性评价标准，为一级抗旱品种。

2. 产量高，稳产性好

2009 年特大干旱年，河南省农业大学郭天财教授、河南省农业科学院许为钢研究员、河南省种子站站长汤其林等专家，对观 35 在河南新乡七里营镇万亩示范进行现场实收实打。在春 1 水（50 立方米 / 亩）条件下，平均亩产 650.1 千克。同年，中国农业大学王志敏教授、山东省农业科学院赵振东研究员等专家，对观 35 在深州林铺村 1075 亩示范现场检测，在抢墒播种、春 2 水条件下，亩产 596.8 千克（85% 折）。2010 年低温年，专家对衡水市景县杨章村、东堡丁村观 35 的 4000 亩示范现场测产，在抢墒播种、春 2 水条件下，平均亩产 572.5 千克（85% 折）。2014 年，河北省农林科学院旱作农业研究所组织有关专家对观 35 小麦品种春浇一水的高产田进行了实打实收，平均亩产 663.8 千克。

3. 早熟，灌浆速度快

4. 结实性强，穗大粒多、千粒重高，三因素协调

一般亩穗数 41 万 ~43 万穗，穗粒数 38~42 个，千粒重 42~46 克，最高 50.1 克，多年的示范推广中，没有出现过不育现象。

5. 抗逆性强

抗多种病害，高抗倒伏，抗寒性强，抗后期高温，早熟不早衰，抗穗发芽。

6. 适应性强，应用范围广

对不同水肥条件、不同生态区和生产条件适应性强。

“河农 825”品种简介

一、品种来源

选育单位：该品种由河北农业大学选育。

亲本组合：临远 95-3019/ 石 4185。

审定编号：冀审麦 2007012 号、国审麦 2009024。

经营单位：河北华丰种业开发有限公司生产经营。

二、基本特征特性

品种冬性、中晚熟，幼苗半匍匐，分蘖力中等，成穗率较高。株高 75 厘米左右。穗层较整齐，穗大粒多。穗纺锤形，长芒，白壳，白粒，籽粒角质。两年区试平均亩穗数 40.8 万穗、穗粒数 37.0 粒、千粒重 38.2 克。

三、品种优缺点

1. 抗寒性强

自该品种推广以来，遇到 2009—2010 年严重冻害年份，该品种表现出极强抗寒性。

2. 抗病性突出

自推广以来各种病虫害的发生年份，表现出极好的抗病性，个别年份感条锈病、叶锈病。

3. 适应性广

适宜在北部冬麦区的天津市、河北省中北部、山西省中部的水地种植，也适宜在新疆维吾尔自治区阿拉尔地区水地种植。

4. 抗旱性强

2005—2006 年，2006—2007 两年由河北省农林科学院旱作农业研究所鉴定，其抗旱指数平均值为 1.145、1.097，抗旱性达到了“2 级”（抗旱性强）。2015 年节水高产示范，春 0 水处理下比对照邯 4589 增产 7.57%。2013—2015 年在河北农业大学“高产节水小麦新品种河农 825 示范推广”课题组指导下，按照该品种特性及高产栽培技术标准，在保定清苑区石桥乡、白团乡、阳城乡等示范推广 3 万余亩，比当地品种亩增产 25~50 千克，累计新增产值 368.16 万元。2016 年被河北省选为冀中北区域冬小麦节水稳产项目品种之一。

5. 品质优

2008 年、2009 年分别测定品质，籽粒容重 794 克 / 升、814 克 / 升，硬度指数 64.1（2009 年），蛋白质含量 13.27%、14.10%；面粉湿面筋含量 32.2%、33.8%，沉降值 28.8 毫升、30.3 毫升，吸水率 56.9%、60.0%，稳定时间 2.0 分钟、1.8 分钟，最大抗延阻力 194E.U.、154 E.U.，延伸性 16.7 厘米、17.3 厘米，拉伸面积 47

平方厘米、39平方厘米。

6. 高产稳产

2007—2008年度参加北部冬麦区水地组品种区域试验，平均亩产508.5千克，比对照京冬8号增产7.4%；2008—2009年度续试，比对照京冬8号增产3.4%。2008—2009年度生产试验，比对照京冬8号增产5.2%。

7. 缺点

成熟期比对照京冬8号晚熟1天左右。

四、栽培技术要点

做到足肥足墒播种，适宜播种期在10月上旬。每亩适宜基本苗20~25万株，以播期调播量，提高播种质量。后期及时除草，喷施叶面肥。注意防治条锈病、叶锈病等病虫害。

双国审冬小麦新品种石优20号

石优20号是石家庄市农科院选育的节水、抗冻、抗病、高产、强筋优质小麦新品种。2009年10月通过河北省农作物品种审定，审定编号：冀审麦2009008号；2011年通过两大区域双国审，审定编号：国审麦2011011号。河北秋硕种业有限公司独家买断该品种河北省经营权。

一、适宜区域

1. 黄淮冬麦区北片

适宜在河北省中南部、山东省、山西省南部高中水肥地块种植。

2. 北部冬麦区

适宜在河北省中北部、山西省中北部、北京市、天津市水地种植。

二、特征特性

幼苗半匍匐，叶片深绿，分蘖力强，亩穗数45~50万。株型紧凑，穗层整齐，株高 70 厘米左右。穗纺锤型，白壳，白粒，籽粒角质，穗粒数 34.5 个，千粒重 42 克左右，容重 804 克 / 升，品质优良。

三、区试表现

2007—2008 年度参加河北省优质组区试，平均亩产 527.45 公斤，较对照增产 9.83%，居参试品种第一位。2010—2011 年度参加黄淮冬麦区北片水地组生产试验，平均亩产 564.3 千克，比对照增产 4.8%，2010—2011 年度国家冬小麦山西运城试点亩产高达 631.2 千克。

四、主要优势

1. 高产稳产、适应性广

该品种产量结构三要素合理，灌浆快，籽粒饱满，高产又稳产。冬性、半冬性两大区域同时国审，区试产量居首位。

2. 综合抗性好

该品种一级节水，一级抗寒，抗倒抗病，植株健壮，株型清秀，穗层整齐，田间长势长相好。后期抗干热风能力强，落黄好。

3. 强筋优质、商品性好

籽粒容重 804 克 / 升，含蛋白质 14.3%、湿面筋 34.5%；面团形成时间 4.5 分钟，稳定时间 14.6 分钟，达到国标一级强筋小麦标准。

五、栽培要点

1. 精细播种

做到精细整地，足墒播种，播后镇压，保证苗全、苗壮。

2. 播期播量

适宜播期为 10 月 5—15 日。适期播种、整地质量较好的高肥水地亩基本苗 15~20 万，中等肥水地 18~22 万。

3. 肥水管理

亩底施尿素 8~10 千克，磷酸二铵 18~20 千克，氯化钾 5 千克。底墒不足和整地质量差的麦田要浇好封冻水。拔节期亩追施尿素 13~15 千克。重点浇好拔节和扬花水。

4. 病虫防治

播前做好种子包衣。抽穗后及时防治麦蚜，同时喷施杀菌剂，做到一喷综防。